DES ENGRAIS.

DES ENGRAIS,

OU

L'ART D'AMÉLIORER LES PLUS MAUVAISES TERRES

Par les Amendemens et les Engrais

de toute nature,

PAR M. DUGOIN,

INGÉNIEUR CIVIL, AUTEUR DES ENTRETIENS SUR LA PHYSIQUE
ET SUR LA CHIMIE.

Les Engrais sont le pain de la terre, et ce pain
manque dans toutes les fermes. Pourquoi ne pas le
multiplier ? Ne vaut-il pas la peine qu'on favorise sa
production sur toute l'étendue de notre sol ?

TURREL.

TOURS,

R. PORNIN ET C.ie, IMPRIMEURS-LIBRAIRES, ÉDITEURS.

1842.

PRÉFACE.

◆❧❀❧◆

A mon ami Jean-Pierre.

—

C'est pour toi, mon brave Jean-Pierre que j'écris ceci. N'aie pas peur que je suive pour te donner mes conseils l'exemple de ces beaux *agriculteurs* en gants jaunes qui n'ont jamais cultivé, je crois, que les pots à fleurs de leurs balcons dorés, et qui te font de beaux discours dont tu ne comprends pas la moitié. * Je sais fort bien que les

---

* Ceci ne s'applique pas à tous les ouvrages sur l'agriculture. Il en existe un bon nombre d'excellens ; malheureusement le fermier qui lit peu ne les achète pas. Nous avons puisé sans façon dans les travaux de nos meilleurs agronomes ; plût à Dieu que nous puissions populariser dans les campagnes les noms, les ouvrages et surtout les principes des bienfaiteurs de

laisser reposer la terre de trois ans l'un ; eh bien !
les jachères ont déjà disparu dans beaucoup d'endroits, et les terres ne s'en trouvent pas plus mal.

Il est vrai qu'en employant des procédés nouveaux dont on n'avait pas l'habitude, beaucoup de cultivateurs se sont ruinés. Mais ce n'est pas toujours la faute des procédés, c'est qu'on a voulu les employer sans les comprendre parfaitement.

Là est tout le tort.

Aussi en te parlant des engrais, je veux te faire comprendre clairement leur but, leurs caractères, leur puissance. Une fois que tu seras bien fixé sur tous ces points, tu ne te tromperas plus sur leurs usages et tu pourras t'enrichir de toutes les découvertes des savans, sans crainte de tomber dans de grossières erreurs.

Je ne chercherai pas, je te le répète, à te parler un langage d'académicien ; tu n'es pas un savant, mais tu es un homme de bon sens, et le bon sens vaut mieux que la science pour juger sainement les choses.

PREMIÈRE PARTIE.

COMPOSITION DES TERRES.

CHAPITRE PREMIER.

MANIÈRE DE JUGER LA BONTÉ DES TERRES PAR LA POSITION ET LES APPARENCES PHYSIQUES.

Que fais-tu quand tu veux louer une nouvelle ferme dans un pays que tu ne connais pas assez? q u'u parcours tout d'abord le domaine en examinant soigneusement le terrain. La bêche à la main, tu observes la situation de chaque pièce, c'est-à-dire son exposition au nord ou au midi, dans un vallon, dans une plaine ou dans une gorge plus ou moins étroite; tu vois si elle est convenablement abritée, soit par un coteau voisin, soit par une lisière de bois, suivant la culture à laquelle elle paraît propre; tu remarques si l'eau peut la submerger pendant l'hiver, si les pluies y laissent séjourner l'eau dans des bas-fonds; si elles n'ont pas laissé des rigoles ou des traces de dégradation dans un sol en pente qui reçoit les égoûts des plaines voisines; tu observes encore l'éloignement de l'habitation, la facilité plus ou moins grande des routes qui y conduisent, les dégats que dans la mauvaise saison les passans peuvent faire éprouver aux semailles, si le chemin est impraticable.

Toutes ces considérations sont fort utiles; ce sont les premières qui doivent t'occuper. Ainsi la position du terrain à cultiver fixe provisoirement pour toi une valeur au sol, indépendamment des arbres, clôtures, etc., qui doivent être estimés à part.

Ce n'est qu'après ce premier examen que tu t'occupes du sol en lui-même.

Quoique des sols d'une nature très différente puissent avoir un aspect semblable, l'apparence peut te donner des indices qui, sans t'offrir toute sécurité isolément, ne te laisseront guère de chances d'erreur, s'ils sont réunis. Ainsi, il est probable qu'une terre brunâtre ou jaune-foncé, si elle se divise facilement, est naturellement fertile. Si elle paraît tenace, si elle forme des mottes fort dures, si après la pluie elle paraît fortement battue et se couvre d'une croûte dure, si après des chaleurs elle se *crevasse* dans tous les sens, tu peux juger qu'elle est froide, difficile à travailler, sensible à la chaleur qui la fendille et à l'humidité qui la rend plus compacte ; tu en concluras qu'il te faudra d'assez grands frais pour en tirer des produits dans son état actuel, et qu'il faudra l'améliorer par des amendemens convenables, si tu veux en tirer tout le parti possible. Mais pour peu que tu aies sous la main les amendemens qu'il te faut et dont je te parlerai bientôt, pour peu que tu puisses donner aux eaux l'écoulement convenable, ces sortes de terres seront les meilleures pour toi, et elles te rendront au centuple les frais que tu feras pour elles.

Il y a des sols qui ont des défauts tout-à-fait contraires ; ils sont secs et sableux ; les grains pulvérulens qui les composent n'ont aucune adhérence entre eux ; les vents et la pluie ont bientôt effacé la trace des sillons formés par la charrue. Ces sols sont encore de mauvaise nature ; on n'en tirera que des récoltes pauvres et maigres jusqu'à ce qu'ils soient modifiés par des amendemens convenables et des engrais suffisans.

Il existe bien peu de terres qui n'aient quelque défaut et qui, avant de recevoir l'engrais, ne puissent être rendues meilleures par des mélanges convenables. Mais pour appliquer ces mélanges d'une manière sensée, il faut connaître plus intimement que l'on ne peut le faire à la simple vue la composition des terres.

CHAPITRE SECOND.

—

MANIÈRE DE JUGER LES TERRES PAR LES PLANTES QUI Y CROISSENT NATURELLEMENT.

Tu sais, n'est-il pas vrai, que lorsqu'on laisse une terre en jachère, elle se couvre naturellement de diverses espèces d'herbe ; tu sais encore que les mêmes herbes ne croissent pas indifféremment partout ; plusieurs espèces affectionnent tel ou tel sol plutôt que tel autre, et c'est dans cette prédilection qu'on trouve un indice très commode pour apprécier à la simple vue la qualité des terres.

Cependant cet indice n'est pas aussi sûr qu'il est commode ; il y a des plantes qui croissent naturellement dans un sol argileux au niveau des mers et qui ne prospèrent plus à quelques centaines de mètres au-dessus dans un sol semblable. Il y a des montagnes élevées qui sont tout-à-fait nues. Un ter-

rain sableux que le voisinage des eaux et des abris
convenables entretiendront dans une humidité suffisante pourra porter des plantes qu'il laisserait périr
assurément, si ces deux circonstances n'existaient
pas.

D'un autre côté, la différence des climats a une
influence très grande sur les végétaux. Telle graine
portée par hasard dans un climat étranger n'y pros-
pèrera qu'à force de soins. Nos jardiniers français
cultivent à grands frais dans leurs serres chaudes des
plantes qui croissent naturellement entre les rochers
et sur les vieux murs dans les pays chauds.

L'indication de la nature du sol donnée par les
plantes qui y croissent d'elles-mêmes ne mérite donc
qu'une demi confiance, et c'est avec la plus grande
réserve que tu dois t'attacher à cet examen. La chaleur, la sécheresse et l'humidité ont, dans ce cas,
comme dans tout ce qui concerne l'agriculture, la
plus grande influence.

Aussitôt que l'argile encore presque pure peut
développer le germe que le hasard lui a confié, c'est
le *tussilage pas-d'âne* qui y croît tout d'abord ;
puis viennent la *laitue vireuse*, le *sureau yèble*, et
enfin, quand l'argile devient un peu plus perméable

à la chaleur et à l'air , on voit naître ordinairement l'*agrostis traçante* et la *chicorée sauvage*.

L'*anthyllide vulnéraire*, les *potentilles ansérine* et *rampante* caractérisent assez bien les terrains argilo-calcaires , tandis que la *potentille printannière* se plaît mieux dans les terrains calcaires proprement dits. A mesure que l'argile est plus divisée par le calcaire , on voit prospérer successivement , d'abord la *mélique bleue*, la *laitue vivace* et le *sainfoin cultivé*, puis la *brunelle à grandes fleurs*, la *boucage saxifrage* et la *globulaire commune*.

Les terrains sablonneux ont des plantes qui les caractérisent d'une manière assez tranchée, pour que leur nom l'indique : telles sont l'*élyme des sables*, la *statice des sables*, le *roseau des sables*, etc. ; les *canches*, les *orpins*, les *cistes*, la *spergule des champs* appartiennent , ainsi que bien d'autres espèces, à cette sorte de sol que l'aspect physique caractérise d'ailleurs suffisamment.

Les auteurs qui ont classé à grands frais d'érudition les plantes suivant les sols qui leur conviennent le mieux, ont ajouté à leurs listes une nomenclature de celles qui croissent dans l'eau , toute l'année, ou bien seulement quelques mois; ils ont fait une autre catégorie des plantes qui croissent spontanément dans les terrains ombragés. Je suis persuadé que tu as peu de profit à tirer de ces savantes recherches, je désire trop t'être utile pour charger ta mémoire d'une nomenclature stérile.

Un peu d'habitude te portera à t'attacher à des caractères plus sérieux dont il me reste à te parler.

CHAPITRE TROISIÈME.

—

MANIÈRE DE JUGER LES TERRES PAR LEURS PROPRIÉTÉS CHIMIQUES.

Les terres arables (labourables) renferment souvent des élémens très divers, que le chimiste apprend à distinguer par l'analyse.

Les règles inflexibles de la science ont bien leur mérite sans doute ; mais dans les sciences d'observation, nous ne l'oublierons pas, les recherches du savant doivent suivre souvent les expériences pour expliquer les faits ; souvent elles doivent avoir pour but de provoquer de nouveaux essais ; mais ses prescriptions seront souvent trompeuses, si elles ne sont pas justifiées par une expérience assez longue.

Si donc je cherche à mettre quelques principes de chimie à ta portée, c'est pour t'expliquer ce qui se fait, et non pour y rien changer avant que la pratique ait autorisé ces changemens.

C'est de la dégradation lente des roches primitives que se sont formés les sols cultivés. Remarque effectivement les roches encore nues et dépouillées. Si la pluie qui tombe peut y former une inégalité, un creux, ce point demeure un peu plus long-temps humide que le reste; l'eau aérée qui y séjourne pénètre avec le temps dans le roc et en dissout quelques parcelles. Par la chaleur du jour qui succède à la fraîcheur des nuits, le grain de la roche se trouve alternativement dilaté, resserré, et par conséquent ébranlé, détaché de la masse. Dès lors tu vois la partie devenue un peu plus friable se couvrir de lichens et de mousses à peine perceptibles qui, en périssant bientôt, se décomposent à la même place, entretiennent l'humidité, conservent la chaleur, et fournissent à des plantes un peu plus complètes une nourriture convenable.

Si cette action de l'air, de la chaleur et de l'humidité te paraît lente aujourd'hui sur les rochers que tu connais, c'est que naturellement les parties les plus tendres ont cédé les premières; c'est aussi que la position souvent escarpée des rochers qui sont actuellement à la surface ne leur permet pas de retenir une grande quantité d'eau. Il faut bien croire aussi, d'après les traces de bouleversement que nous remarquons sur le globe, que les agens de décomposition ont été à des époques éloignées bien plus puissans qu'ils ne sont aujourd'hui.

Ainsi les pluies plus fréquentes ont lavé la crête des montagnes et précipité dans les vallées toutes les parcelles enlevées à leurs flancs ; les envahissemens successifs des eaux par un frottement réitéré et une impétuosité souvent extraordinaire ont détaché et entraîné des monceaux de débris qui peu à peu ont dû fertiliser les plaines.

Quoiqu'il en soit de ce premier travail de la nature, nous avons aujourd'hui à examiner des sols tout formés, peu importe comment. Ce que je t'en dis n'a pour but que de te faire bien comprendre que cette pièce de terre si fertile que tu cultives avec tant d'avantages dans la plaine, ne diffère guère de cette autre que tu négliges, que par deux raisons :

D'abord, parce que l'état d'aggrégation des particules de matière qui la composent n'est pas le même ; en second lieu, parce que le mélange des matières est moins convenable.

Quelles sont donc les matières qui doivent entrer dans la composition des terres fertiles, et dans quelles proportions doivent-elles s'y trouver? La réponse à cette question nous mettra plus à portée de résoudre cette autre question bien plus importante : Quels sont les moyens pratiques de rendre fertiles les terrains qui ne le sont pas?

Les terres propres à la végétation des plantes, si l'on fait abstraction des substances qui les *engraissent,* pour me servir de tes expressions, doivent remplir certaines conditions, sans lesquelles les engrais ne produiraient que peu d'effet ou même seraient nuisibles.

1° Elles doivent être assez divisées pour que les germes des plantes puissent en soulever convenablement les molécules, et néanmoins avoir assez de consistance pour que les vents n'ébranlent pas leurs racines. C'est ainsi que les terrains composés d'argile pure qui ne se laisse pas pénétrer, ou de sable pur qui ne se lie nullement, ne sont pas propres à la végétation ;

2° Elles doivent attirer l'humidité et la retenir suffisamment sans être imperméables à l'eau dont le superflu doit pouvoir s'écouler librement. Le sable ne retient pas l'humidité; l'argile n'est pas perméable à l'eau ; ces deux substances isolées sont donc encore , sous ce point de vue, peu propres à la végétation ;

3º Elles doivent neutraliser l'excès d'acides ou de sels acides que la végétation des plantes tendrait à développer. La plupart des acides nuisent à la végétation , soit en aidant trop à la décomposition des sucs , soit en développant dans les plantes une électricité qui leur est contraire. L'acide carbonique est probablement le seul dont le dégagement soit utile aux plantes, et encore faut-il que son émission soit bien ménagée ; la chaux, les marnes , les cendres, etc., neutralisent très bien tous les acides ;

4º Elles doivent avoir une couleur brune , ou au moins jaune-foncé ; car il est reconnu en physique que les couleurs approchant le plus du noir, absorbent le mieux les rayons du soleil qui atteignent ainsi jusqu'aux racines des plantes et se prêtent mieux à la décomposition des engrais qui les nourrissent ;

5º Elles doivent être assez poreuses pour que l'air puisse les pénétrer, afin de faciliter le travail qui s'opère pour l'alimentation des racines.

L'expérience de tous les temps et de tous les lieux prouve qu'il faut pour réunir ces conditions un mélange de trois substances, dont l'une ou même deux prises isolément seraient peu propres à l'acte qu'elles doivent accomplir.

Ces trois substances sont :

1° L'alumine ;

2° La silice ;

3° Le carbonate de chaux.

L'alumine et la silice sont deux oxides métalliques, tous deux blancs, tous deux insolubles dans l'eau et les acides ; le premier est doux au toucher, le second est rude ; le premier, à moins qu'il n'ait été calciné, absorbe et retient puissamment l'humidité ; le second, au contraire, la laisse échapper facilement. L'alumine unie avec la silice forme l'espèce de terre connue sous le nom d'argile *.

---

* L'alumine est un composé d'un métal nommé *aluminium* et d'un gaz nommé *oxigène* qui fait partie de l'air que nous respirons. La silice est un composé du même gaz et d'un autre métal nommé *silicium*. Ces sortes de composés d'oxigène et d'un autre corps se nomment *oxides* ou *acides*. Les acides les

Il existe plusieurs espèces d'argile, suivant l'état de mélange des parties qui la composent, et aussi suivant la disposition intime des molécules de ses élémens. Ainsi l'*argile plastique*, l'*argile grasse* est compacte et pesante, elle est douce au toucher, elle absorbe une quantité considérable d'eau, et forme une pâte très liante et très tenace avec elle. La quantité d'eau qui la pénètre, la gonfle considérablement, et si le soleil ou une autre cause vient la dessécher, elle éprouve un retrait considérable.

Voici deux propriétés de l'argile qui la rendent impropre à la culture quand elle se trouve seule : elle absorbe une grande quantité d'eau avec laquelle elle forme une pâte liante et tenace ; — elle éprouve

plus prononcés ont une saveur aigre qui les distingue ; les oxides (au moins les oxides solubles) ont une saveur caustique bien remarquable. Les oxides et les acides intermédiaires finissent par avoir des caractères moins tranchés, et par jouer tantôt le rôle *d'acides* tantôt le rôle *d'oxides*. La silice et l'alumine se conduisent ainsi. Les acides s'unissent aux oxides pour former ce que les chimistes nomment des SELS. Ainsi un sel résulte généralement de l'union de deux composés, l'un acide ou jouant le rôle d'acide, l'autre oxide ou en remplissant les fonctions.

beaucoup de retrait à la chaleur. Tu comprendras cela facilement : l'argile, en formant avec l'eau un mortier épais, ne permet pas aux racines des plantes de s'étendre dans sa masse ; elle ne donne non plus à l'air aucun accès, et je te montrerai bientôt que l'air est indispensable aux fonctions des racines des plantes.

L'argile, en se desséchant ensuite, resserre ses pores et n'a pas une perméabilité plus grande, parce que ses molécules sont extrêmement tenaces ; puis ce retrait la force à se fendiller à tel point qu'elle offre souvent des crevasses énormes qui, en se formant, déchirent les racines.

Chauffée au-dessous de la chaleur rouge, l'argile attire vivement l'humidité ; si on la met alors dans l'eau, elle tombe en poudre et se réunit aussitôt en pâte. Mais si on la chauffe jusqu'au rouge, elle durcit davantage et ne peut plus être délayée dans l'eau. C'est dans cet état qu'elle peut former des tuiles, des briques, des poteries et faïenceries de toute nature, suivant qu'elle est plus ou moins pure, plus ou moins mélangée.

L'argile, ainsi *cuite* au rouge et en poudre, peut être utile pour amender les terres trop fortes ; on met en tas lez gazons argileux d'une pièce de terre avec des fascines, on les brûle et l'on épand dans le champ le résidu de la combustion. La partie d'argile qui a passé par le feu agit sur le sol en le divisant et en désagrégeant ses molécules.

Mais il est généralement plus commode, pour ôter au sol sa ténacité, d'employer le sable formé principalement de silice, surtout le sable limoneux des rivières et de la mer, lequel renferme toujours des débris de végétaux et d'animaux, qui sont d'excellens engrais.

Mais lorsque le sable se trouve en quantité trop considérable dans le mélange, les terres n'ont plus assez de ténacité; elles ne retiennent plus l'eau suffisamment, aussi les plantes y souffrent-elles, y languissent-elles plus que dans toute autre terre quand le sable est divisé et presque pur. Tu connais l'aridité et la stérilité des sables. On corrige, on amende ces sortes de terres, en y mêlant une certaine quantité d'argile, si cela est possible à peu de frais; il n'est pas rare de les voir parvenir à un grand degré de fécondité, lorsqu'elles ont été suffisamment amendées.

Avec l'alumine et la silice en proportions convenables, c'est-à-dire avec l'argile et le sable, on peut avoir naturellement ou artificiellement des terres assez meubles, des terres qui retiennent assez l'humidité; mais il n'est pas possible qu'elles remplissent deux autres conditions dont je te parlais il y a un instant : la porosité et la faculté de neutraliser les acides formés soit par la végétation, soit par la décomposition des végétaux. C'est le carbonate de chaux, la craie qui remplit ce but.

Le carbonate de chaux est un sel peu stable, composé d'un acide gazeux (l'acide carbonique) et d'un oxide (oxide de calcium) qui porte vulgairement le nom de chaux. Tu vois que je n'emploie pas ici le mot sel dans son acception ordinaire; un sel pour les chimistes est une combinaison d'un acide avec un oxide.

Avant d'aller plus loin, il est bon que tu saches qu'un sel peut souvent être converti en un autre sel par un simple mélange, parce que, par exemple, le contact d'un acide plus énergique chasse l'acide plus faible. Ainsi un acide fixe aura ordinairement plus de force qu'un acide facilement volatilisable, et celui-ci aura plus d'énergie qu'un acide constamment gazeux.

Le carbonate de chaux est formé d'un acide constamment gazeux, à la température et sous la pression ordinaire ; il n'est donc pas étonnant qu'un acide plus énergique vienne prendre sa place toutes les fois que l'occasion s'en présente. Une légende bien claire va te faire comprendre l'opération :

J'ai du CARBONATE DE CHAUX formé de { acide carbonique devenant libre / chaux (oxide de calcium) }
En présentant à ce sel, de . . . . L'ACIDE SULFURIQUE } SULFATE DE CHAUX.

J'obtiens par l'union de cet acide énergique avec la chaux un nouveau sel, la sulfate de chaux et l'acide carbonique gazeux est chassé.

Tu peux essayer toi-même d'obtenir ce résultat en te servant de vinaigre, si tu n'as pas d'acide sulfurique à ta disposition. Verse quelque peu de vinaigre sur un morceau de craie ou de blanc d'Espagne qui se trouve si communément partout et qui n'est que du carbonate de chaux plus ou moins pur, il se manifestera une espèce de bouillonnement ou effervescence, comme disent les chimistes ; c'est l'acide carbonique qui s'évapore ; il reste un autre sel nommé acétate de chaux. (Le vinaigre se nomme acide acétique.)

Peut-être trouveras-tu tout d'abord quelque

difficulté à te familiariser avec ces noms et ces changemens ; j'en serai sobre autant que possible , mais
tu ne comprendrais guère ce qui me reste à te dire ,
si je n'appelais un instant ton attention sur ces
phénomènes.

Il est donc convenu que le carbonate de chaux est
un sel que sa facilité à se décomposer doit faire souvent changer d'état ; or ces changemens ne peuvent
pas avoir lieu sans qu'une certaine quantité d'eau ,
sans qu'une certaine proportion d'air ne se trouvent
alternativement attirée et repoussée. C'est cette mobilité qui rend la terre perméable et poreuse,
de même que l'énergie de la chaux comme oxide
lui fait absorber tous les acides qui tendraient à
se développer.

Nous n'en sommes pas à examiner les propriétés
de l'acide carbonique sur la végétation ; je ne veux
te parler encore que de la formation des sols.

Le carbonate de chaux, dont nous nous occupons
actuellement comme de la base constitutive des
bonnes terres avec l'argile et le sable, se rencontre
en grande quantité dans la nature ; mais il est souvent dans un trop grand état de dureté pour être
utile aux plantes. Ainsi la pierre à chaux , et sur-

tout le marbre* ne peuvent servir à l'amendement des terres que lorsqu'ils sont réduits en parcelles assez petites pour être facilement attaquables.

Si les trois corps dont nous avons parlé se trouvaient seuls à former les terres, elles seraient parfaitement blanches; puisque l'alumine, la silice et le carbonate de chaux sont d'une blancheur parfaite. Ce serait un résultat fâcheux; car lorsqu'un corps blanc reçoit les rayons du soleil, il les réfléchit dans tous les sens, sans les laisser pénétrer ** et la végé-

---

* La composition du marbre et celle de la craie, sont les mêmes, avec cette différence que le marbre est ordinairement plus pur et à grains plus serrés. La pierre lithographique tient le milieu entre ces deux variétés de carbonates pour la contexture de ses molécules. Tous les jours on fait sur les tables de marbre l'expérience que nous indiquions avec la craie. C'est même ce qui fait le désespoir des limonadiers, sur les tables desquels on laisse tomber une goutte d'acide, par exemple du jus de citron. L'acide du citron chasse l'acide carbonique de la pierre et la dépolit. On ne peut faire disparaître la tache qu'en polissant de nouveau.

** Les corps ne sont diversement colorés que parce qu'ils réfléchissent diversement les rayons du soleil. Un rayon blanc est un faisceau composé d'une multitude de rayons de toutes

tation ne peut s'opérer sans une certaine chaleur; l'état de nos campagnes pendant l'hiver le prouve suffisamment.

Si tu veux t'assurer de l'influence de la couleur sur l'action des rayons solaires, choisis un beau temps d'hiver, si la terre est couverte de neige; couvre un petit espace avec un morceau de drap noir, d'autres avec des morceaux d'étoffe de différentes couleurs et observe l'ordre dans lequel tu verras la neige fondre au soleil, tu verras que la

---

couleurs; quelqu'extraordinaire que cela paraisse, rien n'est mieux prouvé. L'inégale réfrangibilité de tous ces rayons nous en offre la preuve. Une pierre transparente taillée à facettes comme le bouchon d'une carafe ou d'un flacon offre souvent toutes les couleurs de l'arc-en-ciel; le fond d'un verre offre parfois le même aspect. L'arc-en-ciel lui-même n'est formé que par l'effet produit par les rayons du soleil sur des gouttes de pluie; il est d'ailleurs facile de s'en convaincre en considérant au lever du soleil les gouttes de rosée diaprées de mille couleurs. Les corps blancs réfléchissent les faisceaux tout entiers, les feuilles réfléchissent les rayons verts, les fleurs jaunes, rouges, les rayons jaunes, rouges, etc.; les corps sont noirs quand ils absorbent sans les réfléchir, tous les rayons.

portion de neige qui fondra la première sera celle
que tu auras recouverte du drap noir ; aussi , quand
tu voudras hâter la fusion de la neige dans un champ,
il te suffira d'y semer du *poussier* de charbon.

C'est principalement à l'oxide de fer en très petite quantité qu'est due la coloration de la plupart
des terres ; une petite proportion de terreau dont
nous étudierons bientôt la nature, la rend plus
foncée, et quelques autres corps dont la connais-
sance est beaucoup moins importante viennent varier les teintes.

Je ne terminerai pas ce chapitre sans te parler de
quelques autres substances qui se rencontrent acci-
dentellement dans les terres , telles que la magnésie,
le mica, le bitume, le charbon , le plâtre, etc.

Les sols qui contiennent de la magnésie en certaine quantité sont par eux-mêmes plus ou moins
stériles. Cet oxide qui est naturellement blanc , insoluble , se trouve très souvent à l'état de carbonate,
uni au carbonate de chaux. Il rend les terrains trop
froids et trop humides à cause de la quantité d'eau
qu'il retient naturellement après les pluies ; puis,
lorsque vient la sécheresse , il rend la terre trop
légère , trop friable et trop sèche. C'est une des

substances les plus contraires aux plantes, même en assez petite quantité, quoique quelques expériences paraissent prouver le contraire.

Le mica se rencontre quelquefois en petites lames brillantes et feuilletées, propres à diviser l'argile dans les terrains trop lourds, trop argileux ; il agit comme du sable de même grosseur, cependant il pèse un peu moins, il absorbe un peu plus l'eau et la retient un peu mieux ; il rend, par conséquent, les terres plus légères que ne ferait le sable, sans les rendre aussi chaudes*.

Le plâtre se trouve naturellement dans un certain nombre de sols** ; on l'ajoute plus souvent comme stimulant dans la végétation ; il doit à ce titre trouver sa place parmi les amendemens ou engrais minéraux dont nous aurons à nous occuper plus tard.

---

* Le mica est formé d'alumine, de silice, de potasse et quelquefois d'une très petite quantité de fer.

** Le plâtre est un sel composé de chaux et d'acide sulfurique, c'est un *sulfate de chaux*. Il est uni naturellement à une forte proportion d'eau qu'on en chasse par la cuisson.

Le goudron minéral ou bitume qui accompagne naturellement divers schistes ou roches désagrégées ainsi que quelques argiles, est utile comme matière colorante, quand il se trouve en assez petite quantité pour ne pas donner aux parties terreuses une trop forte adhérence.

Les pierres et les cailloux sont quelquefois utiles quand même ils se trouvent en quantité considérable; ainsi, certaines vignes doivent à leurs cailloux qui rendent la terre légère, sèche et chaude, une partie de leur renommée; certains terrains sableux seraient au contraire bien plus secs si une grande quantité de petites pierres ne venait conserver aux racines des céréales une humidité convenable.

Il n'y a pas de terrain cultivé qui ne contienne en outre sous le nom d'*humus*, *terreau*, etc., une foule de débris organiques ou engrais qui forment une partie de la véritable nourriture des plantes. Mais avant de nous en occuper, il faut que nous achevions d'examiner avec soin chaque espèce de sol destiné à recevoir des engrais.

1*

NOTE SUR L'ANALYSE CHIMIQUE
DES SOLS.

D'après ce que nous venons de voir, il est certain que l'analyse des sols sous le rapport chimique serait tout-à-fait insuffisante pour juger du dégré de bonté d'une terre, et que cette analyse pourrait conduire à des résultas très erronés.

Il est donc certain que les propriétés physiques dont il nous reste à nous occuper doivent être prises en sérieuse considération, cependant comme les caractères chimiques peuvent dans certains cas avoir leur importance, voici comment on doit s'y prendre pour faire (avec la précision dont un agriculteur peut avoir besoin) l'analyse des terres.

Lorsqu'on veut analyser un terrain stérile dans la vue de le fertiliser, il faut, autant que possible, le comparer au terrain fertile le plus voisin, le plus semblable pour la position, les abris, etc. La différence chimique qui se trouve entre les deux indiquera le plus souvent les amendemens qu'il sera utile d'employer. Ainsi un sol argileux ne différera souvent d'un autre tout voisin que par une quantité plus considérable de sable ou de chaux. Il conviendra d'en ajouter dans la proportion qu'indiquera l'analyse.

Pour éviter des erreurs trop grossières dans l'analyse d'un champ, il convient de prendre des échantillons de terre en différents points dans toute l'épaisseur de la couche que peut atteindre le soc de la charrue. Vous mêlerez bien tous ces échantillons.

Voici les opérations que vous devrez faire ensuite :

1re Opération. — *Estimer la quantité d'humidité.*

Vous prendrez un poids connu de terre du champ fertile et du champ stérile ; vous les laisserez ressuyer au soleil pendant le même temps, une demi-journée par exemple : puis vous les dessècherez à une douce chaleur ; vous pèserez alors de nouveau. La perte de poids indiquera la perte d'eau et par conséquent la quantité d'humidité que la terre peut retenir.

2e Opération. — *Séparer les pierres.*

Vous réduirez en poudre votre terre desséchée et vous en séparerez avec un crible les pierres et les graviers.

3e Opération. — *Chercher la nature des pierres.*

Réduisez en poussière quelques échantillons de ces pierres. Elles seront formées de *carbonate de chaux*, si elles se dissolvent dans l'acide chlorhydrique (muriatique) étendu d'eau. Dans le cas contraire, elles seront siliceuses.

4e Opération. — *Séparer le sable.*

Pour vous débarrasser du sable, délayez la terre dans une grande quantité d'eau pure ; brassez bien le mélange, puis laissez reposer une minute et décantez (soutirez). Le sable grossier restera au fond, pendant que les matières plus légères seront encore en suspension.

5e Opération. — *Séparer les substances insolubles.*

Filtrez l'eau trouble qui reste, sur un filtre de papier joseph (papier non collé ou qui boit). Vous obtiendrez : 1.o Une dissolution limpide de quelques sels solubles ; 2.o Un dépôt sur le filtre.

6e Opération. — *Substances solubles.*

Faites évaporer la solution à chaud, et pesez le reste. Si ce reste en vaut la peine, vous l'examinerez plus tard : jusques-là vous vous contenterez d'écrire son poids, précédé de ces mots : *substances solubles dans l'eau.*

7ᵉ Opération. — *Séparer le carbonate de chaux et la chaux.*

Lavez le dépôt de la 5.e opération avec l'acide chlorhydrique étendu d'eau. Voici la réaction qui s'opère sur le carbonate de chaux :

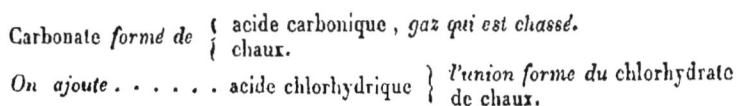

Carbonate *formé de* { acide carbonique , *gaz qui est chassé.*
{ chaux.

On ajoute . . . . . . acide chlorhydrique } *l'union forme du* chlorhydrate
} de chaux.

On opère ce changement parce que le *carbonate de chaux* insoluble ne peut être séparé de la terre, pendant que le *chlorhydrate* soluble est facilement séparé par un lavage sur le filtre. La terre qui reste est séchée avec précaution et pesée. Ce qu'elle a perdu de son poids indique la quantité de chaux pure ou carbonate qui s'y trouvait.

8ᵉ Opération. — *Détruire les matières organiques.*

On calcine fortement la terre qui reste et dont on connaît le poids. Les matières organiques qui s'y trouvent sont volatilisées. La différence de poids après la calcination indique encore la quantité de ces matières.

Il ne faut pas oublier que ce sont elles qui donnent aux plantes la nourriture qui leur est propre.

9ᵉ Opération. — *Séparer la silice.*

La terre calcinée est mise à bouillir dans un ballon en verre avec de l'acide chlorhydrique. Il n'y a que la silice qui ne s'y dissolve pas ; elle seule restera donc sur le filtre ; les autres matières passeront à travers le papier. On calcinera la silice et on la pèsera.

10ᵉ Opération. — *Séparer la magnésie.*

La magnésie se trouve dans la liqueur qui reste, avec l'alumine, le peroxide de fer et une portion de chaux qui n'était pas libre ou à l'état de carbonate dans la terre d'essai. Les autres substances qui se trouveraient encore sont assez peu importantes pour qu'on n'ait pas à s'en occuper.

Versez du bicarbonate de potasse dans la liqueur, vous précipiterez au fond du vase tout ce qui n'est pas la magnésie. La magnésie reste donc en solution.

Il est facile de la faire déposer en faisant bouillir la liqueur ; on la filtre ensuite et on calcine le dépôt pour le peser.

11ᵉ Opération. — *Séparer l'alumine.*

Le précipité formé par le carbonate de potasse est mis à bouillir avec une solution de potasse caustique qui dissout l'alumine et laisse le reste. Filtrez et précipitez ensuite l'alumine qui se trouve dans la liqueur en y versant une solution de chlorhydrate d'ammoniaque. Le précipité d'alumine est filtré, calciné et pesé.

12ᵉ OPÉRATION. — *Séparer l'oxide de fer.*

La portion de précipité que la potasse caustique n'a pas dissous ne contient plus que du peroxide de fer et de la chaux en combinaison. Ces substances ont déjà été dissoutes par l'acide chlorhydrique, puis précipitées ; on les redissout encore avec le même acide bouillant. En versant ensuite de l'ammoniaque dans la liqueur, on force l'oxide de fer à se déposer, puis on filtre ; on calcine le dépôt pour le peser.

13ᵉ OPÉRATION. — *Précipiter la chaux.*

La chaux qui s'était trouvée dans la terre à l'état de sel inattaquable par l'acide chlorhydrique faible et froid, comme à l'état de sulfate (plâtre) est la seule matière qui reste à extraire. On la précipite en versant dans la liqueur du carbonate de potasse ; on filtre, on calcine et on pèse.

Le poids trouvé n'est pas celui du sulfate de chaux, mais celui de la chaux ; il faudrait pour avoir le poids du sulfate qui se trouvait réellement dans la terre, convertir la chaux en plâtre en y versant de l'acide sulfurique étendu d'eau, filtrant et séchant à une douce chaleur pour peser ensuite.

Tous les poids réunis devraient former le poids de la terre essayée, mais on n'arrive jamais à ce résultat, on examine la différence qui s'inscrit sous le nom de *perte*.

Cette analyse ainsi faite n'a pas toute la perfection désirable, mais elle est suffisante dans la pratique, elle peut d'ailleurs se faire économiquement ; deux ou trois creusets et quelques réactifs sont tout qu'il faut ; une dépense de 5 ou 6 francs fournira à bien des analyses.

Si vous n'avez pour but que de connaître la magnésie qui se trouve par exemple dans la chaux que vous voulez employer, vous pouvez supprimer toutes les premières opérations, et vous contenter de séparer la chaux avant ou après une première calcination.

Si vous voulez savoir si telle pierre blanche est de la craie ou si c'est de la marne (*craie argileuse*), vous y parviendrez aisément en vous servant se lement d'acide chlorhydrique qui dissoudra la craie et laissera l'argile.

CHAPITRE IV.

—

CLASSIFICATION DES DIFFÉRENTES SORTES DE TERRES [*].

Si nous voulons appliquer à chaque espèce de terre les amendements et les engrais qui lui conviennent pour y cultiver les végétaux utiles qui s'y plaisent le mieux, il faut savoir les distinguer l'une de l'autre.

Tu sais déjà que les trois terres élémentaires sont l'alumine, la silice et la chaux. Suivant que l'une domine dans un sol, celui-ci prend le nom de sol

---

[*] Nous adoptons ici les bases de l'excellent travail de M. O. Leclerc-Thouin, professeur d'agriculture au conservatoire des arts et métiers, d'après la maison rustique du XIXᵉ siècle.

alumineux ou argileux, sol silicieux, sableux ou sablonneux, sol calcaire. Arrêtons-nous un instant à examiner leurs propriétés.

ARTICLE PREMIER. — *Terres argileuses.*

L'argile pure est composée d'alumine, de silice, et colorée par l'oxide de fer. Ces trois substances sont tellement unies qu'on ne peut les séparer en les faisant bouillir dans l'eau *.

Lorsque l'argile est en cet état, elle est tout à fait impropre à la végétation des plantes cultivées. Mais si l'argile contient seulement 15 pour % de sable qui puisse être séparé par l'ébulition, et par conséquent se trouve à l'état de *mélange* et non pas de *combinaison* intime, elle commence à se laisser

---

* L'argile pure contient selon Schubler :

58	parties de silice ;
36,2	d'alumine ;
5,2	d'oxide de fer.
00,6	perte

Sur 100 parties.

pénétrer. Les sols de cette espèce qu'on appelle *terres argileuses, terres glaiseuses, terres froides*, sont très difficiles à cultiver. En hiver elles s'imprègnent d'une grande quantité d'eau qui forme une pâte excessivement tenace ; l'humidité persiste extrêmement longtemps, à tel point que jusqu'au cœur de l'été il est très difficile de les labourer. Quand arrivent les grandes chaleurs, c'est l'extrême contraire qui vient contrarier les efforts du laboureur. L'argile forme une croute épaisse, dure et compacte que le soc de la charrue peut difficilement entamer et qu'il soulève en longues lanières. Les labours sont donc très pénibles et très dispendieux dans ces sortes de terres ; cependant il n'y en a pas où ils soient plus nécessaires, s'il est vrai, comme nous le verrons, qu'une terre ne peut être fertile qu'autant qu'elle est facilement perméable à l'air et à la chaleur comme à l'humidité.

Les terres glaiseuses ne donnent que des produits médiocres et tardifs. Les végétaux n'y puisent qu'avec peine la nourriture qui leur est propre Les céréales peuvent dans les années favorables y prendre un développement assez considérable, mais elles *grènent* peu. La constitution des végétaux herbacé⸗

comme des végétaux ligneux paraît plus molle, plus aqueuse que dans tout autre sol.

A mesure que le sol argileux se trouve mêlé d'une plus grande quantité de sable, il perd une grande partie des défauts de l'argile ; il prend alors suivant la proportion de silice le nom de *terre forte* ou celui de *terre franche*.

TERRES FORTES. Les terres fortes qui contiennent naturellement ou artificiellement du carbonate de chaux peuvent donner d'abondants produits ; toutefois il faut bien choisir son temps pour n'avoir pas trop de peine à les labourer, et elles doivent être retournées fréquemment. Un sol de cette nature, pour être aussi bon que possible, doit fournir à l'analyse, sur cent parties sèches :

> 50 parties d'argile ,
> 30 parties de sable ,
> 15 parties de calcaire ,
> 5 parties d'humus (matières organiques.)

La terre ne sera que meilleure pour la même quantité d'argile, si le calcaire est un peu augmenté aux dépens même du sable, et si l'humus est plus abondant.

Les terres fortes donnent d'abondans produits
quand les labours ont été nombreux ; quand les
gelées ont bien émietté les mottes et ameubli le sol ;
quand les semis ont été faits sans pluie et sans sécheresse ; quand des pluies fines et chaudes tombent
assez fréquemment sans arriver par averses et par
orages ; quand à une pluie modérée succède une
chaleur bienfaisante qui pénètre la terre. Mais il est
rare que toutes ces circonstances se trouvent réunies,
et trop souvent les terres fortes se sentent de l'intem-
périe des saisons ; les récoltes y manquent plus que
dans les autres terres. C'est un préjudice d'autant
plus grand pour le cultivateur que ces terres doivent
être plus fréquemment remuées, et que les labours
y sont plus dispendieux, puisque les bœufs et les
chevaux, ayant plus de peine à tirer, y font moins de
besogne en un temps égal. Il faut, en outre, perdre
un temps précieux à faire des fossés et des rigoles
d'écoulement pour les eaux.

La luzerne et le trèfle divisant le sol à diverses
profondeurs ont la propriété d'ameublir les terres
fortes. Parmi les céréales, il faut y cultiver de préférence le froment et l'avoine. Les fèves y réussissent
bien, ainsi que les pois, les vesces, la chicorée et

2

les racines alimentaires ; le colza, le pavot, la mou-
tarde sont, parmi les plantes industrielles, celles qui
se trouvent le mieux de ces sortes de terre.

TERRES FRANCHES. Dans l'analyse que je t'ai ci-
tée d'une terre forte, augmente la proportion de
sable aux dépens de la proportion d'argile, tu auras
une *terre franche* qui forme (quand elle renferme
en outre une certaine quantité de chaux ou de craie),
qui forme, dis-je, les sols les plus riches que le
cultivateur puisse désirer. La plupart des céréales y
réussissent parfaitement ; la charrue les retourne
sans peine ; les mottes s'écrasent bien, quand
elles sont *essorées;* tous les engrais leur conviennent.

Ce que je viens de te dire suffit, je pense, pour
te faire comprendre que si tu veux ne pas perdre
tes engrais dans les terres fortes, il faut y employer,
de préférence, des *fumiers longs* qui prennent de la
place en se pourrissant et tendent à permettre à la
terre de se diviser. C'est à cette sorte de terrain,
qu'il faut destiner les litières faites avec des ajoncs et
les bruyères, toujours dans le but de diviser le sol
en le fumant. Les récoltes qu'on enfouit en vert,
c'est-à-dire, avant la floraison, comme le trèfle,

etc., produisent le même effet, quand il est possible de les intercaler dans l'assolement.

Tout ce qui peut contribuer à diviser les terres argileuses pour les rendre plus légères, est excellent. Les graviers et les sables des rivières sont très bons pour atteindre ce but. Tu choisiras, de préférence, le sable limoneux qui renferme toujours des débris de végétaux ou de poissons, et qui se trouve imprégné de sel, si tu as à ta portée du sable de mer. La craie et la marne, surtout quand elle n'est pas trop argileuse, peut te conduire au même but. Une terre argileuse peut contenir jusqu'à 40 pour $\%$ de calcaire, sans en souffrir.

Si tu n'as ni sable, ni cailloux, ni craie, ni marne à ta disposition, pour amender tes terres fortes, tu n'as qu'un moyen à prendre, c'est d'amener des fascines sur ton champ, et de calciner au rouge une plus ou moins grande quantité de terre, que tu répandras ensuite sur le sol. Tu sais que l'argile, chauffée au rouge, n'absorbe plus l'eau et divise le sol comme le sable.

Ce que je t'ai déjà dit précédemment des modifications auxquelles se prête si bien la chaux, doit te faire voir qu'aucun amendement ne convient mieux.

Il est bien difficile que tu n'aies pas à ta portée un seul des moyens d'amélioration que je viens de t'indiquer. Mais, souviens-toi bien que ces moyens doivent être proportionnés aux récoltes subséquentes que tu peux espérer; il ne faut consacrer à l'amélioration d'un champ qu'une partie des bénéfices qu'on doit raisonnablement en espérer dans les années suivantes. D'ailleurs, il faut, avant d'essayer d'amender le sol, procurer aux eaux un écoulement convenable; c'est là la première condition pour rendre une terre fertile.

Terres marneuses. Souvent dans les terres où l'argile domine, le carbonate de chaux est en proportion plus forte que le sable. Si cette substance, est sous forme de graviers ou de petites pierres, elle agit comme le sable ou à peu près, pour la division du sol; mais, lorsque l'argile est plus intimement liée avec la craie, le tout forme une masse compacte, souvent aussi dure que la pierre.

Les argiles marneuses conservent autant l'humidité que les argiles pures; elles s'en pénètrent à une grande profondeur, et retiennent l'eau avec une grande force. Sous ce point de vue, elles ont les mêmes inconvéniens que les argiles dont je t'ai parlé sous le nom de *terres froides*. Elles laissent en outre pénétrer davantage le froid pendant l'hiver, jusqu'à la racine des plantes qui ont plus à souffrir par conséquent de la gelée. Les cultures de printemps y réussissent mieux, lorsque la saison n'est pas pluvieuse et que les terres sont bien égouttées.

Tu peux assainir ces sortes de terres, en leur donnant le sable qu'elles n'ont pas, ou en employant, comme pour les autres terrains argileux, les mêmes moyens de diviser le sol. Tu parviendras alors à donner à ces terres une fertilité remarquable.

ARGILES ROUGES. Il y a des terres argileuses qui doivent leur coloration en jaune plus ou moins rougeâtre, à une forte proportion d'oxide de fer. Ces terres, outre les inconvéniens de toutes les argiles, sont rendues plus stériles encore par une surabondance de cet oxide. On dit qu'une très petite quantité favorise au contraire la végétation ; et, en effet, on en trouve des traces dans le tissu des plantes. Le meilleur moyen de neutraliser les funestes effets de l'oxide de fer, c'est d'y mêler du sable ou des graviers, pour lesquels il montre une assez grande affinité.

ARTICLE 2. — *Terres sableuses.*

Lorsque le sable devient prédominant dans les terres, elles prennent le nom de sableuses ; les qualités et les défauts qui les distinguent, sont tout à fait opposés aux qualités et aux défauts des sols argileux.

L'eau ne séjourne pas dans cette espèce de terre qui retient fort peu l'humidité ; la chaleur les pénètre facilement, et les dessèche en peu de temps ; de sorte que la saison et la température qui conviennent aux sols argileux, sont très contraires aux sables.

La culture des terres sableuses est facile. Elles sont peu tenaces, et la charrue les sillonne aisément ; d'ailleurs, elles ont moins besoin de labours fréquens, soit parce que les herbes malfaisantes y salissent moins promptement la terre, soit parce que l'air et la chaleur les pénètrent suffisamment.

La première condition pour rendre les terres sableuses fertiles, c'est de leur conserver le plus possible d'humidité. On y parvient, soit par des irrigations soit par des plantations qui cachent le soleil et arrêtent les vents desséchants, sans intercepter la libre circulation de l'air. Une rangée d'arbres placée, par exemple, au sud-est d'une pièce de terre sableuse, vaut mieux souvent que des amendemens dispendieux ; car, jusqu'à dix ou douze heures du matin, les rayons du soleil n'ont pu pomper facilement la rosée, et le vent qui vient de l'est est, dans nos contrées, le plus sec et le plus dangereux pour ces sortes de terres. Une haie de vignes dans les pays ou la vigne réussit bien, pourrait être employée. Des plantations en lignes, du levant au couchant, mais, de sorgho, de topinambours peuvent remplir le même but. Plusieurs variétés d'arbres verts réussissent parfaitement dans de semblables terrains.

TERRES SABLO-ARGILEUSES. Lorsque la proportion de sable n'est pas trop considérable, les terrains sableux peuvent être d'une prodigieuse fécondité. Les varennes de Tours, qui ont fait donner à ce pays le titre de Jardin de la France, en sont un exemple. Ces terrains, toujours bien ameublés, peuvent fournir à deux ou trois récoltes maraichères dans une année ; les paysans de Bréhémont, au confluent de l'Indre, cultivent alternativement du froment et du chanvre, deux riches cultures, et ils trouvent moyen d'intercaler une culture de navets, entre la récolte du froment et le semis des chanvres.

Ces terres n'ont jamais besoin que de fumier. Elles renferment assez ordinairement :

50 parties de sable,
25 d'argile,
25 de calcaire,
sur 100 parties de terre.

Les varennes de Tours, comme les plaines d'É-gypte, doivent leur formation au limon des grands fleuves; il est des sols moins heureusement situés, qui n'ont qu'une partie des avantages de ceux-ci, soit parce qu'ils sont quelquefois exposés au soleil du midi, qui les brûle, soit parce qu'ils ne peuvent pas, dans un terrain en pente, ou dans un sous-sol de sable pur, conserver l'humidité qui, avec la chaleur, donne un si prodigieux développement aux plantes, soit parce que des terres ferrugineuses, magnésiennes, tourbeuses, se mêlent au sol fertile.

TERRES GRAVELEUSES. Les sols graveleux sont ceux qui sont composés en grande partie de graviers déposés en couche plus ou moins épaisse par les eaux, ou de débris de roches quartzeuses ou granitiques qui se sont décomposées avec le temps. Ces terres,

quoique leur composition chimique varie beaucoup
en raison de la nature des cailloux, pierres ou graviers qu'elles contiennent, ont les mêmes caractères
pour l'agriculture. Si elles renferment assez d'argile,
les petites pierres sont utiles pour les diviser. Quelquefois les paysans, les vignerons surtout ont failli
faire un mauvais parti aux ingénieurs des ponts et
chaussées qui voulaient débarrasser leurs champs de
cailloux pour *ferrer* la route voisine.

C'est parmi les terres graveleuses, qu'on range
ordinairement les terrains volcaniques, qui passent
pour être presque toujours d'une si prodigieuse fécondité, sans que la science ait pu encore en rendre
suffisamment raison. On a vu, de tout temps, les habitans des contrées voisines des volcans, avancer par
degrés jusqu'au pied des cratères, tentés qu'ils
étaient par la fertilité du sol, au risque d'être ense-
velis, avec tout ce qu'ils possédaient, sous des torrens
de laves et de décombres. Herculanum et Pompeï,
dont on a retrouvé les ruines, après tant de siècles,
sous plusieurs étages de débris, en sont une preuve
éclatante. Quoi qu'il en soit, on peut présumer
qu'une partie de la fécondité des terrains volcaniques est due, non à leur constitution chimique, mais

à la calcination des matières rejetées par les volcans, matières qui sont plus propres à absorber les gaz et l'humidité, comme à transmettre le calorique aux racines.

TERRES SABLO-ARGILO-FERRUGINEUSES. Ces terrains ne peuvent guère être cultivés avec avantage qu'en bois; il faudrait presque partout des amendemens en trop grande quantité pour les rendre moins brûlans. Les maraîchers, à force de fumiers froids et d'arrosemens, parviennent à en tirer d'excellens produits.

TERRES DE BRUYÈRES. Ces terres, extrêmement légères, sont par leur nature excessivement fertiles, à cause de la grande quantité de terreau qu'elles contiennent; il n'est pourtant pas rare de les voir complétement stériles. C'est qu'elles se composent trop souvent d'une couche très mince qui repose tantôt sur un sous-sol de cailloux qui ne leur permet de conserver aucune humidité, tantôt sur un sous-sol d'argile qui retient toute l'eau qui tombe et fait de cette terre une véritable éponge, trop humide en hiver et trop sèche en été.

SABLES PURS. Les sables qui volent au gré du vent ne peuvent pas être soumis à la culture, à cause même de leur mobilité. Avant donc de les amender, il faut les fixer. Heureusement il existe des plantes et des arbres qui peuvent végéter dans les sables les plus arides, et dont les longues racines traçantes peuvent former un obstacle à l'enlèvement et à la dispersion du sable dans une certaine étendue. L'*Elimus des sables*, le *Rey-Grass* et le *Topinambour*, parmi les plantes; l'*Ajonc* et le *Saule des dunes*, parmi les arbrisseaux; le *saule Marsault*, le *pin d'Ecosse*, l'*épicéa*, le *pin du Lord* ou *pin Weymouth*, les *peupliers blancs* et *noirs* sont très propres à remplir ce but. Pour les sables des rivières, on emploie avec succès les *peupliers*, les *osiers* et les *saules*.

Lorsqu'on sème les graines des plantes ou des arbres dont je viens de parler, il faut prendre d'assez grandes précautions pour que le vent n'enlève pas à la fois sol et graines. Le moyen le plus simple serait de couvrir le sol de joncs coupés comme on le fait aux environs d'Aigues-Mortes, puis de faire piétiner le champ ensemencé par des moutons. Le vent n'a plus alors que peu de prise. S'il fallait aller chercher trop loin des joncs ou des roseaux, tu pourrais préparer des *bourrelets* d'épines ou d'ajoncs réunis en petits fagots, que tu fixerais avec des pieux dans la terre. Tu formerais avec ces bourrelets, comme bordure, des carrés plus ou moins grands, suivant que tu craindrais plus ou moins l'effort des vents.

Ces précautions sont indispensables avant de chercher à fumer ces sortes de terres.

Je n'ai pas besoin de te dire que si tu peux te procurer de l'argile ou plutôt encore de la marne, à peu de distance, tu pourras, en en répandant abondamment sur la terre, rendre ton sol excessivement fertile, pourvu que tu saches, soit par des plantations, des palissades ou tout autre moyen, te mettre à l'abri de l'invasion des sables voisins.

Souvent le sous-sol des sables est composé d'argile. Il est facile alors de faire le mélange dont je te parle; il faut seulement défoncer profondément, de manière à ramener en dessus une certaine quantité du sous-sol, et pour cela, il suffit que la charrue passe deux fois dans le même sillon. Il n'est pas de sol si sec, si aride, si ingrat, qui ne puisse se prêter à la culture, car il est extrêmement rare de trouver un point du sol qui ne fournisse à peu de distance ou à peu de profondeur les trois terres élémentaires. Il est vrai, que si les bras sont rares, si la main-d'œuvre est chère, si les communications sont peu commodes et les produits difficiles à écouler, il arrivera que l'amélioration, toute simple et toute facile qu'elle est en théorie, ne devra pas être essayée en grand.

ARTICLE 3. — *Des sols calcaires.*

Le carbonate de chaux, ou terre calcaire, est aussi nuisible à la végétation quand il se trouve en trop grande proportion, que l'argile et le sable. Les terres commencent à se détériorer lorsque le calcaire dépasse 50 p. %. Les sols blanchâtres de la Champagne-Pouilleuse sont composés de deux tiers de craie, aussi sont-ils à peu près stériles, s'ils ne sont amendés à grands frais.

TERRES CRAYEUSES. Les terrains crayeux se distinguent par leur couleur blanchâtre; tu as vu que c'était là un inconvénient assez grave, puisqu'en cet état ils sont très difficilement pénétrés par les rayons du soleil. La craie absorbe l'eau très facilement, et elle la retient avec une grande force, ce qui ajoute encore à l'inconvénient que je te signalais. En outre, la gelée, qui soulève et divise la craie, ébranle et déchausse les racines qui se dessèchent et meurent. Lorsque l'eau est trop abondante, la craie se réduit en bouillie, et devient ainsi impropre à la végétation. Enfin, la grande mobilité des particules de craie et la facilité avec laquelle cette substance se change en sels solubles, fait que quand elle est en excès les engrais se décomposent trop vite en pro- duits liquides qui sont entraînés hors de la portée des racines. Les terrains crayeux exigent donc des fumures fréquentes qui sont en partie perdues.

Ces terrains sont très difficiles à améliorer la la plupart du temps, car les bancs de craie sont sou- vent considérables, et il faudrait, dans beaucoup de cas, aller chercher l'argile et le sable à de grandes distances, pour ramener le sol à une composition convenable.

Lorsqu'il n'est pas possible de modifier par d'au- tres terres la composition des sols crayeux, il faut renoncer à les cultiver autrement qu'en bois, et c'est ordinairement le pin d'Écosse qu'on choisit; c'est du moins celui qui paraît réussir le mieux dans la craie.

SOLS TUFFEUX. On appelle tuf une craie plus

compacte qui sert ordinairement de sous-sol à la craie, et qui se trouve parfois à decouvert. Avant toute culture, ces sols doivent être amendés avec de l'argile et du sable, sous peine de rester stériles malgré tous les engrais. Cependant la dureté même du tuf est utile souvent, et lui donne les qualités du sable. Aussi, avec le temps et des soins, est-il plus facile de tirer parti des terrains tuffeux que de la craie à gros grains.

MARNES PURES. Les marnes composées d'argile et de craie unies sont aussi stériles, mais plus faciles à améliorer; il ne leur faut que du sable ou de l'argile calcinée. Dans leur état naturel, elles ont tous les défauts de la craie, et sont plus compactes et moins perméables.

ARTICLE 4. — *De quelques autres sols.*

SOLS MAGNÉSIENS. — Les sols magnésiens sont stériles, lorsque la magnésie se trouve à son état naturel, ou à l'état de sous-carbonate. Quand elle est saturée d'acide carbonique ou complètement carbonatée , elle ne produit aucun effet pernicieux, mais quand elle ne l'est pas , c'est un véritable poison pour les plantes. Le meilleur moyen d'amender les sols magnésiens , c'est de présenter à la magnésie de la tourbe facile à décomposer, ou bien une sur-abondance d'engrais , d'engrais végétaux surtout , ou d'engrais charbonneux comme *les noirs*, qui sont, pour toutes les circonstances, les meilleurs engrais connus.

SOLS TOURBEUX. La tourbe est formée de débris de végétaux décomposés sous l'eau , comme le ter-reau est formé de ces mêmes débris décomposés à l'air. Les terrains tourbeux sont spongieux , légers, élastiques , de couleur brune, ils s'échauffent et se refroidissent lentement. Ils sont naturellement sté-riles , quoiqu'ils contiennent naturellement tous les élémens possibles de fertilité , puisqu'ils ne sont guère composés que de débris de végétaux. On ne sait pas encore à quoi attribuer la différence des résultats de la décomposition des végétaux qui ont formé la tourbe. Les uns l'attribuent à une fermen-tation acide particulière , les autres , à la transfor-mation en substance huileuse des parties mucilagi-neuses de ces végétaux. Toujours est-il , qu'exposée à l'air, la tourbe se dessèche sans se décomposer, sans fermenter de nouveau.

Dans les pays où le bois est cher et où il s'en fait une certaine consommation, il vaut mieux exploiter la tourbe comme combustible, lorsqu'elle est de bonne qualité ; mais si l'on juge à propos de rendre à la culture un sol tourbeux, il faut l'amender à grands frais.

La première préparation à faire subir aux sols tourbeux consiste à les dessécher. C'est assez souvent difficile, car la tourbe se trouve ordinairement dans des lieux sans pente sensible. On fait alors des fossés rapprochés et profonds, et l'on rejette sur les berges, pour les garantir, les terres qu'on en a retirées.

On brûle ensuite aussi bien que possible les herbes qui recouvrent le sol, puis on donne un premier labour afin de retourner les racines qu'on fait sécher et qu'on met en tas avec les mottes enlevées. On brûle ensuite le tout, et l'on répand les cendres à la surface du sol.

Cette opération terminée, on répand sur le champ tourbeux de la marne ou bien de l'argile, ou bien encore du sable ; on se sert avec un égal succès de vase de la mer ou des rivières. Ce n'est qu'après cette préparation qu'on ajoute des engrais, jusque là ils seraient inutiles.

Si l'on continue de temps en temps l'emploi des marnes, ces sortes de terrains n'auront besoin de fumures que de loin en loin, et ils seront néanmoins très fertiles, parce que les substances végétales recommenceront à fermenter.

TERRES ULIGINEUSES. Souvent tu rencontreras dans des terrains en pente, des portions marécageuses qui laissent constamment filtrer l'eau. Ces terres ont quelque analogie avec les tourbes et les terres des marais, mais elles s'en distinguent, parce que l'eau qui leur donne leurs défauts vient de l'intérieur de la terre. Ordinairement, ces espèces de sols reposent sur un sous-sol argileux à peu de distance de quelque butte ou montagne graveleuse. La butte laisse filtrer l'eau qui descend peu à peu jusqu'à la couche d'argile pure, et qui coule par les fissures qui s'y trouvent jusqu'au débouché qu'elle trouve sur les terrains dont je parle.

Ces sols ne sont pas ordinairement difficiles à améliorer, mais il faut, avant tout, creuser un fossé profond pour couper la nappe d'eau qui s'infiltre dans le sol ; pour amender ensuite , on défonce assez profondément pour ramener à la surface une certaine quantité de l'argile du sous-sol , après avoir brûlé les racines des joncs et des herbes qui croissent naturellement à la surface. Les terrains uligigineux ainsi travaillés deviennent excellens lorsqu'on leur a fourni le calcaire qui leur manque.

Terres marécageuses. Les sols marécageux sont couverts d'eau une partie de l'année , soit directement par les pluies d'hiver qui ne trouvent pas d'écoulement à travers un sous-sol argileux , soit par les inondations périodiques des rivières voisines. Les engrais ne peuvent rien sur ces sortes de terres, avant qu'elles n'aient été desséchées comme les terrains tourbeux. Tout le monde sait que les vallées profondes se couvrent volontiers de saules, d'aulnettes et de peupliers , lorsqu'elles sont convenablement égouttées ; mais lorsqu'elles n'ont pas d'écoulement suffisant , les arbres n'y viennent pas , et les marais ne servent qu'à fournir de mauvais joncs ou roseaux pour servir de litière aux animaux ou de couverture aux cabanes. Le cresson , la châtaigne d'eau sont des produits encore assez fréquens de ces sortes de sols.

L'insalubrité des marais rend leur desséchement important ; c'est par des saignées , des digues , des plantations d'osier sur les berges , qu'on y parvient plus ou moins facilement suivant les localités ; mais lorsqu'on y est parvenu , lorsque l'écobuage a purgé les marais des mauvaises racines qui y perpétuaient les mauvaises herbes , ces terres sont d'autant meilleures qu'elles conservent encore longtemps des débris de végétaux qui les fécondent.

CHAPITRE V.

—

DU SOUS-SOL.

Les mécomptes de toutes nature que tu peux avoir éprouvé en agriculture viennent le plus souvent de ce que tu as voulu traiter de la même manière deux epèces de sols qui ne se trouvaient pas dans des circonstances semblables.

Ainsi, à la vue, au toucher, à l'analyse, deux terrains peuvent paraître parfaitement semblables et être pourtant d'un degré de fertilité bien différent. Nous avons vu dès le principe, que cela pouvait tenir à la position, mais dans la même position on peut trouver encore des différences énormes, eu égard au sous-sol ou couche de terre qui se rencontre sous la couche labourable.

Tu as pu remarquer soit au déchirement des co-
teaux escarpés, soit même en creusant le sein de la
terre, que l'écorce du globe est formée de couches
tout-à-fait différentes, posées les unes sur les autres
commes des assises de murs, tantôt horizontalement,
tantôt sur une place inclinée, suivant diverses
causes qui tiennent aux révolutions passées du globe
et qui ne peuvent pas nous occuper ici.

Les principeaux sous-sols qu'on rencontre sont
quelquefois de même nature que le sol de la surface, mais quelquefois aussi la couche labourable
n'a que quelques centimètres, et immédiatement au-
dessous se trouve une terre d'une toute autre
nature.

Tu crains beaucoup le plus souvent, lorsque tu
laboures la terre, d'égratigner même légèrement le
sous-sol : tu t'es aperçu que, ramené à la surface,
quelle que soit sa nature, il stérilise la terre. Ce
phénomène, il est vrai, se produit souvent ; néanmoins il est prouvé et tu le sais bien qu'un centimètre de terre labourable en plus est une conquête
pour le cultivateur. Tu sais bien d'ailleurs qu'une
couche peu épaisse reposant sur un sol d'argile compacte de tuf ou de roche quartzeuze, etc., ne peut

recevoir que des plantes à racines traçantes et cheve-
lues , et que les racines pivotantes au contraire n'y
peuvent trouver de nourriture. D'un autre côté, une
couche peu épaisse reposant sur un sous-sol de cailloux est trop sensible à la sécheresse ; cependant les
arbres à racines charnues et pivotantes s'insinuent
entre les pierres et trouvent une humidité qui leur
est utile pendant les chaleurs. Aussi les chênes et
les grands arbres réussissent–ils souvent dans les
terres de bruyère reposant sur le silex. Le sol de
beaucoup de forêts n'est pas autrement composé.

Je t'ai dit précédemment que la bonne terre
végetale était essentiellement composée d'argile de
sable et de terre calcaire en proportions qui peuvent
varier dans de certaines limites. Malgré les pré-
ventions défavorables que tu peux avoir , si tu ren-
contres à peu de profondeur un sous-sol que la théorie indique comme devant être mêlé avec la terre
arable , il ne faut pas craindre de le ramener à la
surface ; il sera sans doute improductif pendant la
première année , mais il te récompensera au centuple
de tes efforts lorsqu'il aura été suffisamment pénetré
par l'air et le gaz qui favorisent la végétation.
Ainsi un sous-sol marneux amendera parfaitement

un terrain sableux ; un sous-sol argileux conviendra bien aux terres crayeuses; un sous-sol sableux sera précieux pour les terres fortes; ces sortes de terres seront même très bien divisées par des cailloux roulés qui les supportent.

Souvent une terre sableuse est humide ; c'est au sous-sol imperméable qu'est due cette propriété. Si l'humidité est modérée, c'est une qualité précieuse. Si la couche arable se trouve noyée par l'eau, il faut donner de l'écoulement par des saignées. Tu dois en un mot assainir le sous-sol comme le sol lui-même et le forcer à contribuer par des modifications bien entendues à la fécondité de tes champs.

CHAPITRE VI.

—

QUALITÉS PHYSIQUES DES SOLS.

J'ai fait assez bon marché, tu l'as pu voir, des propriétés chimiques des sols ; en effet, à part quelques sols et les engrais qui ensemble ne forment pas un dixième de la terre végétale, les terres n'agissent guères que mécaniquement, en vertu de leurs caractères physiques, plutôt qu'en vertu de léur composition intime.

Tu as vu précédemment que le sable améliore l'argile trop compacte en la divisant ; mais je t'ai fait remarquer en même temps que les graviers calcaires, qui sont d'une tout autre nature, auraient le même effet ; j'ai ajouté que tu pouvais faire en calcinant de l'argile, une espèce de sable capable de

2*

rendre plus légère et plus perméable l'argile elle-même.

Tu attacheras donc une importance particulière à l'étude des propriétés physiques des terres que tu veux cultiver.

DENSITÉ. La pesanteur d'un volume donné de terre sèche, comparée à la pesanteur d'un pareil volume d'eau, peut fournir des indications assez importantes sur la manière d'agir des terres. La différence de pesanteur nous a déjà donné un moyen de séparer dans l'analyse des terres le sable de l'argile.

Nous devons aux expériences du d^r Schubler une série d'expériences sur la densité des terres qui forment les sols cultivables.

Le litre d'eau pesant 100 grammes,

Un litre de sable calcaire pèse. .	2822 gr.
Sable siliceux	2753
Glaise maigre (sableuse) . . .	2700
— grasse	2652
Terre argileuse.	2603
Argile privée de sable. . .	2590
Terre calcaire fine. . . .	2468
Terre de jardin.	2332

Terres arables	$\begin{cases} 2400 \\ 2525 \end{cases}$
Magnésie carbonatée	2232
Humus.	1225

TÉNACITÉ, COHÉSION. Les terres très tenaces sont difficiles à labourer ; les racines les pénètrent difficilement ; elles forment un mortier peu perméable aux gaz. Les terres qui ne le sont pas assez au contraire n'offrent pas aux racines assez de soutien.

Si tu veux juger d'une manière utile la ténacité et la force de cohésion des terres, humecte une petite quantité avec un peu d'eau, et laisse ensuite sécher au soleil ou sur un poêle la masse pétrie en forme de boule. La consistance des sols sableux sera très faible, car les grains de sable n'ont aucune adhérence ; les terres très argileuses résisteront à la pression et exigeront pour s'écraser le choc d'un corps dur ; tu n'en pourras pulvériser les fragmens sous les doigts. C'est entre ces deux extrêmes que se trouvent les sols arables : ils sont d'autant plus faciles à travailler qu'ils se rapprochent plus de l'état des sols sableux.

Si tu fais chauffer au rouge au lieu de les laisser sécher au soleil les boules humectées, celles qui seront sableuses tomberont d'elles-mêmes en poussière. Si elles sont calcaires, elles perdront beaucoup de poids et se changeront en chaux ou finiront par se vitrifier ; les argiles deviendront de plus en plus dures.

La ténacité des terres est tellement intéressante pour le cultivateur ; elle influe tellement sur les frais de labour, qu'il n'est pas étonnant qu'on ait cherché à l'apprécier à l'état humide comme à l'état sec.

La ténacité des terres à l'état humide, ou plutôt leur adhérence aux instrumens d'agriculture se mesure ordinairement par comparaison d'après la quantité de travail que deux chevaux ou deux bœufs font dans un temps donné. Pour avoir un résultat plus simple et plus facilement appréciable, on attache un disque ou une plaque de fer ou de bois sous le plateau d'une balance, puis on établit l'équilibre par un autre poids. On fait adhérer ensuite le disque ou la plaque à la terre que l'on veut essayer ; on charge le plateau de poids connus, jusqu'à ce que l'autre côté se détache ; les poids indiquent l'adhérence de la terre et sa force de cohésion.

Il est très important, pour ces sortes d'essais,

d'employer des terres également humides, ou plutôt des terres qui contiennent toute l'eau qu'elles peuvent retenir naturellement.

A cet effet, on délaie dans l'eau la quantité de terre à essayer, on la jette ensuite sur un tamis : lorsque l'eau cesse de couler, on fait l'épreuve de la plaque. On peut essayer la facilité plus ou moins grande des terres à se dessécher en un certain temps, si tu laisses les terres égoûtées en épaisseur égale dans le tamis pendant des temps égaux avant de les essayer à la plaque.

Lorsque les terres se dessèchent, il n'est plus possible d'employer ce moyen ; aussi forme-t-on avec la terre médiocrement humide des petits morceaux consistans, d'une forme connue. Cela est facile au moyen d'un moule en bois d'une dimension connue : lorsque les petits morceaux de terre sont parfaitement secs, on les pose sur deux points d'appui dont on mesure la distance et on attache au milieu le plateau d'une balance qu'on charge de grains de plomb.

Voici les différens degrés de ténacité des terres sèches et celle des terres humides.

· On a pris pour les terres sèches un moule de 20

lignes (45, 2 millim.) sur 6 lignes (13, 5 millim.). Les points d'appui étaient éloignés l'un de l'autre de 15 lignes (33, 6 millim.) L'adhérence aux plaques est calculée d'une manière plus simple sur un décimètre carré de surface.

Espèces de terres.	ténacité à sec.		adhérence au fer.		adhérence au bois.	
Sable siliceux	0 k.	» »	0 k.	17	0 k.	19
Sable calcaire	0	» »	0	19	0	20
Terre calcaire fine	0	55	0	65	0	71
Humus	0	97	0	40	0	42
Magnésie carbonatée	1	27	0	26	0	32
Glaise maigre	6	36	0	35	0	40
— grasse	7	64	0	48	0	52
Argile pure	11	10	1	22	1	32
Terre de jardin	0	84	0	29	0	34
Terres arables {	3	66	0	26	0	28
{	2	44	0	24	0	27

Les gelées ont parfois une grande influence sur la cohésion des terres ; la marne ou la craie épandue avant l'hiver sur les champs, en pierres assez grosses, se pulvérise avant l'été, si l'alternative de gelée et de dégels a été assez fréquente. Les mottes d'argile elles-mêmes deviennent friables après les grands froids.

C'est donc un excellent moyen d'amender les terres fortes que de les labourer à l'automne pour que les gelées en divisent les mottes.

PERMÉABILITÉ. Si tu prends un poids égal de plusieurs terres sèches et qu'après les avoir délayées dans une même quantité d'eau, tu les laisses égoutter sur un tamis, la vitesse avec laquelle l'eau s'écoulera donnera le degré de perméabilité de ces terres. Cette expérience sera faite avec toute la précision convenable, si tu arroses doucement ces terres ainsi placées avec une certaine quantité d'eau, dix litres par exemple.

On peut dire qu'une perméabilité extrême ou le défaut contraire sont également nuisibles à la culture, en laissant perdre trop vite toute l'humidité du sol ou en y retenant une trop grande quantité d'eau. Le premier défaut est celui des sables et des graviers, le second est celui des argiles.

FACULTÉ D'ABSORPTION. Ne confonds pas l'imperméabilité qui ne permet pas à l'eau de traverser une couche de terre avec la faculté d'absorption qui l'attire entre les pores de ses molécules et l'y retient plus fortement. Les terres les plus absorbantes, si d'ailleurs elles sont perméables, c'est-à-dire si elles laissent écouler leur surabondance d'eau, sont aussi les plus fertiles. Il faut en excepter la magnésie dont l'extrême avidité pour l'eau ne peut qu'être nuisible.

Pour apprécier cette faculté, on prend une certaine quantité de terre égouttée sur les tamis et on la pèse. Puis on la fait sécher aussi bien que possible ; la différence de poids indique la quantité d'eau que la terre ne laissait pas écouler librement.

La faculté d'absorption ne doit pas être séparée de l'examen de la facilité avec laquelle les terres se dessèchent, car ces deux propriétés n'existent pas au même dégré dans la même terre.

Pour apprécier la disposition des terres à se dessécher, on met plusieurs échantillons égouttés au tamis sur une assiette, en couches bien égales, et on estime la perte d'eau par une pesée au bout de cinq ou six heures.

Voici le résultat d'expériences faites avec soin par Schubler :

Terres essayées.	Eau retenue p. Cl_0 de terre.	Eau perdue sur 100 parties après 3 h. de dessic.	Retrait de la terre dessé-chée, en vol.
Sable siliceux	25	88,4	0
Sable calcaire	29	75,9	0
Glaise maigre	40	52	6 %
Glaise grasse	50	45,7	8,9
Terre argileuse	60	34,9	11,4
Argile privée de sable	70	31,6	18,3
Terre calcaire fine	85	28	5
Terre de jardin	89	24,3	14,9
Terres arables	52	32	12
	58	40	12
Humus	190	20,5	20
Magnésie carb.	456	10,8	15,4

La comparaison de ces expériences montre :

1º Que les sables retiennent peu d'eau, et qu'ils la laissent évaporer très vite;

2º Que les argiles retiennent d'autant plus d'eau et la laissent évaporer d'autant moins vite qu'elles contiennent moins de sable;

3º Que le calcaire agit d'une manière toute diffé-rente à l'état de gravier ou sable, ou bien à l'état de terre fine. Dans le premier cas, il se conduit comme le sable, si ce n'est qu'elle est plus légère et qu'elle se divise avec le temps ; mais dans l'autre cas, elle absorbe beaucoup d'eau et la laisse moins évaporer que l'argile ; ses molécules d'ailleurs ont peu de jeu, car elle éprouve peu de retrait par la dessication ;

4.º La magnésie, qui a une influence funeste sur la végétation, nous expliquera peut-être cette influence, quand nous saurons que cette terre retient neuf à dix fois plus l'eau que les terres glaiseuses ou terres fortes, et qu'elle en laisse évaporer cinq fois moins. Nous en concluerons que les terres qui contiennent de la magnésie sont plus lourdes, plus humides et plus froides que toutes les autres. En voilà plus qu'il n'en faut pour nous rendre compte de ses effets;

5º L'humus retient l'humidité en quantité considérable, mais non pas en excès comme la magnésie ; il se dessèche moitié plus vite qu'elle, et moins que la plupart des autres terres. D'ailleurs, tu peux remarquer qu'il éprouve en séchant un retrait considérable, qu'il est très léger et ne se fendille pas, car ses molécules n'ont aucune force de cohésion. Par conséquent, les alternatives de sécheresse et d'humidité rendent ses différentes particules très mobiles et plus perméables aux agents atmosphériques qui favorisent la végétation.

Je ne t'ai parlé jusqu'ici que de la propriété d'absorber l'eau de pluie ; mais il est important de tenir compte encore de la faculté qu'ont les terres d'attirer l'humidité, soit du sous-sol, soit de l'atmosphère. Une mèche de coton qui plonge dans l'huile se trouve bien vite tout à fait imbibée ; un morceau de sucre est bientôt tout humide, s'il repose par la partie inférieure seulement dans une petite quantité d'eau. Les terres poreuses et légères possèdent cette propriété à un plus haut dégré que les terres compactes, comme les argiles qui interceptent toute espèce de communication entre les molécules des corps.

La faculté d'attirer l'humidité du sous-sol est précieuse pour les plantes pendant les chaleurs et les grandes sécheresses, puisque c'est ainsi seulement que les racines des plantes sont mises à portée de sucer l'eau qui est nécessaire à la végétation.

Ce n'est pas seulement au sous-sol que les plantes empruntent leur humidité ; l'air leur en fournit également une énorme quantité. C'est l'humus qui

a la plus grande puissance d'absorption de l'humidité de l'air.

Des expériences comparatives ont été faites pour
cette propriété comme pour les autres. 500 centi-
grammes de terre ont été étendus à l'état sec sur une
plaque de fer blanc de 36,000 millimètres carrés à
une température de 15 dégrés sous une cloche fer-
mée en bas par de l'eau, et par conséquent dans un
air saturé d'humidité.

En voici les résultats :

Terres.	Absorption en centigramme après			
	12 heur.	24 heur.	48 heur.	72 heur.
Sable siliceux	0	0	0	0
Sable calcaire	1	1,5	1,5	1,5
Glaise maigre	10,5	13,0	14,0	14,0
Glaise grasse	12,5	15,0	17,0	17,5
Terre argileuse	15,0	18,0	20,0	20,5
Argile pure	18,5	21,0	24,0	24,5
Terre calcaire fine	13,0	15,5	17,5	17,5
Magnésie	34,5	38,0	40,0	41,0
Humus	40,0	48,5	55,0	60,0
Terre de jardin	17,5	22,5	25,0	26,0
Terres arables	8,0	11,0	11,5	11,5
	7,0	9,5	10,0	10,0

La propriété qu'ont les substances très poreuses
d'absorber les gaz, est encore une propriété essen-

tielle aux terres labourables. Nous verrons plus tard qu'il n'y a pas de fermentation ni de végétation possible sans air. L'air d'ailleurs n'agit pas seulement comme aliment, il agit aussi mécaniquement en équilibrant toujours toutes les parties des sols et des végétaux.

La nécessité de l'air circulant, pénétrant librement les sols arables pour arriver dans les plantes, explique pourquoi les meilleurs sous-sols ramenés à la surface rendent tout d'abord les terres stériles; c'est que le sous-sol est toujours plus compact, moins poreux, plus privé d'air. Mais si par des labours fréquens, des marnages convenables, des fumures de récoltes vertes ou de paille longue, tu rends promptement la terre assez poreuse pour absorber les gaz, elle sera promptement fertile. Aussi les défrichemens ou les labours profonds avant l'hiver sont plus utiles que les autres, car nous avons vu que les gelées émiettaient, effritaient les terres et, par conséquent, les rendaient plus propres à l'absorption des gaz.

Les cultivateurs habiles ne manquent pas de s'aider d'une culture convenable, celle des racines, pour fouiller le sous-sol. Ainsi une récolte de pom-

3

mes de terre ameublit parfaitement les sous-sols, parce que l'on est obligé de remuer profondément la terre pour les recueillir.

Si tu as une terre tout-à-fait ingrate et pour laquelle tu craignes la peine, tu y planteras des topinambours qui remplissent le même but et s'accommodent de tous les terrains. Les topinambours divisent aussi profondément le sol ; ils sont utiles comme fourrage, comme nourriture, comme engrais, comme combustible. Les cochons sont très-friands de leurs tubercules. Si après avoir coupé les tiges, on laisse ces animaux dans un champ de topinambours, ils creusent et retournent la terre jusqu'à ce qu'ils aient mangé les tubercules qu'on peut laisser impunément en terre, car ils ne craignent pas les gelées. Cette plante n'a qu'un défaut, c'est d'être difficilement extirpée d'un sol où on l'a une fois cultivée ; les moindres racines qui restent poussent au printemps de nouveaux rejetons ; il faut de fréquents labours dans cette saison pour les faire périr.

Le topinambour ou poire de terre te fournira donc, outre ses propriétés comme aliment, un des meilleurs moyens d'amender tes terres.

Le mouvement d'absorption de l'eau et des gaz dans la terre entretient la fraîcheur du sol; mais il faut, pour que cette fraîcheur ne soit pas nuisible, que les terres puissent absorber directement les rayons calorifiques du soleil.

Les terres possèdent cette faculté dans des proportions différentes, comme leurs autres facultés; mais trop de causes influent sur l'absorption de la chaleur pour que les expériences qu'on a faites à ce sujet, puissent se convertir en chiffres comme dans les tableaux précédents.

Qu'un certain degré de chaleur soit nécessaire pour la végétation, personne ne le conteste, pourvu que cette chaleur ne soit pas de nature à faire évaporer toute l'humidité du sol. A la température de la glace, il ne se fait plus ni composition ni décomposition organique sensible.

L'échauffement des terres dépend principalement:

1° De la couleur des surfaces. Nous avons déjà eu l'occasion de remarquer que les surfaces blanches renvoient, sans les absorber, les rayons du soleil, que les surfaces colorées renvoient une partie des rayons et absorbent l'autre; les rayons renvoyés sont en rapport avec l'éclat des couleurs:

Colore une terre en noir sans changer sa nature, tu pourras augmenter de 50 pour cent sa faculté d'absorption. Ceci explique l'un des principaux inconvéniens des sols crayeux ; la craie absorbe beaucoup d'eau , et elle s'échauffe très peu à cause de sa couleur blanche;

2° De la nature du sol. On peut dire que les terres qui laissent moins facilement écouler l'eau sont plus froides que les autres, La terre végétale qui renferme des substances organiques en décomposition s'échauffe plus facilement que toute autre, car nous verrons que les combinaisons chimiques développent toujours une certaine chaleur, résultant probablement d'une certaine vibration entre les molécules des corps , vibration déterminée par les efforts que font ces molécules pour s'écarter et se réunir *;

3° Des différens angles formés par les rayons du soleil et la surface. Les pentes du terrain influent

---

* Voyez sur la nature et les causes de la chaleur, les entretiens sur la physique par le même auteur, page 272 et les entretiens sur la chimie , page 87 et suivantes.

beaucoup sur la chaleur de la terre ; c'est l'effet d'une pierre que l'on jette dans l'eau. Tu as vu des enfans sur le rivage faire des ricochets sur la surface avec une pierre plate, lorsque cette pierre frappe l'eau sur un angle un peu aigu ; il en est de même des rayons solaires, ils glissent sur la surface sans pénétrer la terre quand ils ne tombent pas assez à plomb.

Le soleil est plus souvent près de la terre dans l'hiver que dans l'été, mais nous recevons dans l'été ses rayons bien plus directement que dans les saisons froides. Il est facile de se rendre compte des différentes influences de la pente et de l'exposition sur les récoltes que tu dois espérer pour une même quantité d'engrais dans une même terre.

CHAPITRE VII.

—

QUALITÉS PHYSIQUES DES SOLS.

Je ne crois pas que *l'électro-chimie* soit devenue une science assez populaire encore pour que je
doive ici t'en entretenir longuement. Néanmoins,
je dois te faire comprendre comment il se peut que
telle ou telle réaction chimique, sans fournir de
nourriture aux plantes, ait cependant une influence
plus ou moins considérable sur la végétation.

Il existe à la surface de tous les corps un double
fluide excessivement subtil, impondérable, doué
de propriétés très remarquables, et qui peut se décomposer; on le connaît sous le nom d'*électricité*.

L'électricité n'est sensible que lorsque les deux

fluides qui forment l'état naturel des corps sont décomposés.

Le frottement a été le premier moyen connu de rendre l'électricité sensible sur certains corps. Frotte un bâton de cire à cacheter avec de la flanelle ou du drap, la cire prendra l'un des deux fluides électriques, elle attirera les corps légers, par l'affinité qu'elle a pour l'autre fluide auquel le premier cherche à se réunir.

L'expérience seule a fait connaître l'existence d'un double fluide; on a remarqué que deux corps *électrisés* avec le verre ou la résine se repoussaient l'un l'autre, pendant que deux corps électrisés l'un avec le verre, l'autre avec la résine s'attiraient réciproquement.

La machine électrique est un appareil au moyen duquel on accumule, par le frottement de coussins élastiques couverts en peau, sur une plaque de verre qui tourne, l'un des deux fluides. Lorsqu'on présente l'autre fluide au corps électrisé, les deux se réunissent avec violence et souvent il se dégage une vive étincelle entre les deux corps.

On ne fut pas très long-temps à découvrir que le contact de deux métaux différens séparait le double fluide qui cherchait ensuite à former un seul tout.

Bientôt on découvrit que toute action chimique déterminait une séparation des deux fluides qui, cherchant à se réunir par une autre voie formaient ainsi un mouvement continuel de décomposition et de composition.

Les physiciens ont donné à l'un des deux fluides le nom d'électricité positive, et à l'autre le nom d'électricité négative.

Lorsqu'on eut découvert cette propriété électrique de deux métaux hétérogènes, on chercha dans tous les états des corps des réactions électriques et l'on découvrit qu'en effet tout changement dans l'état, dans la température ou dans la composition des corps était accompagné de phénomènes électriques sensibles.

Ce sont ces observations qui ont donné naissance à une nouvelle science qu'on nomme électro-chimie. *

---

* V. tous les ouvrages de physique récens pour l'explication des phénomènes dus à l'électricité.

Il paraît démontré aujourd'hui par des expériences très nombreuses que l'électricité joue un très grand rôle dans l'organisation des végétaux ; que la décomposition et la recomposition des deux fluides est le premier principe du mouvement qui s'opère dans la nutrition des plantes.

Or, un mouvement électrique s'opère toutes les fois que deux corps hétérogènes sont mis en présence. Si les élémens de ces corps ont une grande affinité l'un pour l'autre, ils restent unis, sinon ils se décomposent pour se combiner de nouveau dans un autre ordre.

Tous les faits connus d'une science tout-à-fait neuve encore semblent prouver que l'électricité négative a une influence très remarquable sur la végétation, tandis que l'électricité positive est funeste.

Il suffit d'examiner quelle espèce d'électricité se développe dans telle circonstance pour pouvoir juger *à priori* si telle réaction sera utile ou nuisible à la végétation. Quand un liquide s'évapore, les deux électricités se séparent, la partie vaporisée est électrisée négativement ; la partie liquide s'électrise positivement. Le contraire a lieu dans la condensation des gaz ; c'est la partie condensée qui jouit de l'électricité négative, pendant que la partie gazeuse donne des signes d'électricité positive. Dans la séparation des sels, les acides s'électrisent positivement ; les oxydes prennent l'électricité contraire. Pour les corps simples, le corps qui produit l'oxyde le plus fort acquiert l'électricité positive; ainsi, si deux métaux, zinc et argent, sont en contact, c'est le zinc qui prend l'électricité positive, parce que l'oxyde de zinc est plus énergique que l'oxyde d'argent.

L'expérience prouve d'ailleurs d'une manière directe l'influence en agriculture des principes les plus électro-négatifs.

Ainsi la chaux, la potasse, la soude et l'ammoniaque qu'on réunit sous le nom d'alcalis, sont très propres à stimuler la végétation, tandis que les acides libres sont tout-à-fait nuisibles. Ainsi tel végétal dont la décomposition fournit de l'acide acétique (vinaigre) arrêtera tout-à-fait le développement des plantes, pendant que les substances animales, ou les mêmes substances végétales arrivées à un autre degré de fermentation fourniront aux plantes un aliment utile.

Je n'insiste sur les réactions électriques dans un

livre de la nature de celui-ci , que pour que tu comprennes bien le principal but de la chaux et des alcalis dans les engrais ; pour que tu comprennes bien
encore pourquoi tel corps peut être dans telle circonstance un engrais puissant tandis que le même
corps, dans des circonstances pareilles en apparence,
peut être tout-à-fait nuisible.

M. Vilmorin raconte que voulant faire l'essai
comparatif de divers engrais, il avait partagé une
pièce de terre en diverses bandes. Il avait fumé l'une
immédiatement après la semence avec de la poudrette, l'autre avec de l'urate, etc., une autre enfin
avec du marc de graines oléagineuses. Les semences
poussèrent si peu , dit-il , dans la bande fumée avec
du *marc*, que cette bande paraissait une allée au
milieu d'un gazon. Plusieurs fois la même opération
dans divers terrains fut suivie du même résultat.

Cependant il est certain, et tous les connaisseurs
sont d'accord sur ce point que le marc est un très
bon engrais.

Mais voici l'explication ; c'est M. Vilmorin lui-
même qui l'indique d'après Duhamel. Les tourteaux
de graines oléagineuses ne doivent pas être répandus,
surtout s'ils sont assez frais encore , en même temps

que la semence ; on doit semer 10 à 12 jours auparavant, afin *que le marc puisse éprouver l'action*
de la chaleur unie à une humidité suffisante.

Cette bizarrerie s'explique d'elle-même : l'huile
dont les marcs sont encore imprégnés, contient plusieurs acides (acides stéarique, margarique et oléique) au moment d'une première décomposition ; il
n'y a que lorsque la décomposition, favorisée par le
soleil et l'humidité, devient plus avancée que la fermentation acide fait place à la fermentation alcaline.
Or la première est nuisible et la seconde utile.

Beaucoup de cultivateurs se sont également plaint
du noir animal résidu des raffineries, quoiqu'il fût
bien pur, et du marc de raisin. C'est que toutes les
substances sucrées subissent en se décomposant trois
fermentations : alcoolique, acide et putride ; or, la
dernière seule est favorable aux plantes.

CHAPITRE VIII.

—

USAGE DES PRINCIPAUX AMENDEMENS.

On appelle amendement en agriculture toute substance qui modifie la composition des terres et les rend propres à recevoir les engrais.

Si tu as bien compris les explications que je t'ai données jusqu'ici, tu jugeras très bien la composition de ton sol et l'espèce de terre qui lui manque. Ainsi tu diviseras un sol trop argileux avec du sable, du gravier, de petits cailloux, sans crainte de le rendre moins productif. Si tu as le choix entre la craie et la marne, tu préféreras celle-ci dans les terres sableuses, à cause de l'argile qu'elle contient. Enfin, tu ne craindras pas de faire apporter de l'argile, de la vase, etc., dans les terrains crayeux, si tu peux te procurer ces divers amendemens à peu de frais.

En parlant du sous-sol et de l'influence de l'air sur les racines des plantes, je t'ai dit comment on ramenait à la surface un sous-sol différent de la couche arable, sans être obligé d'amener de loin des terres moins propices. Je t'ai dit pourquoi l'effet des amendemens était si peu sensible tout d'abord, et nous avons attribué cela au besoin d'air qu'éprouvent les racines des plantes, et à la lenteur avec laquelle cet air pénètre dans la terre qui en a été long-temps privée. Enfin, je t'ai parlé des propriétés alcalines de la chaux, de la potasse, etc. Tu sais que ces propriétés consistent à développer l'électricité négative utile aux végétaux et à neutraliser les acides.

Les amendemens qu'on appelle stimulans sont des sels ou des terres alcalines qui sont principalement utiles à cause de l'électricité que développent leurs différentes combinaisons, soit avec les engrais, soit avec les principes élaborés par les plantes. La facilité avec laquelle ces différens sels permettent **aux courans électriques de s'établir dans la char-**

pente des végétaux est aussi d'un puissant secours pour leur nutrition.

Enfin, la plupart des substances dont je te parle, peuvent être rendues solubles au moyen de plusieurs combinaisons et pénétrer à l'état liquide dans l'intérieur des végétaux dont elles contribuent à solidifier le tissu. Lorsqu'on brûle les plantes sèches, ces matières forment la cendre.

Je n'entrerai pas dans plus de détails sur les fonctions intimes des terres et des sels qui servent d'amendement aux sols. Cette science est trop peu avancée et trop peu pratique encore pour être à la portée du cultivateur. Il suffit, pour son usage, qu'il connaisse comment il doit employer chacune des matières que nous avons désignées comme devant faire partie des amendemens des terres ; dans quelles circonstances et dans quelles proportions ces matières peuvent être utiles, et utilement mêlées, soit aux sols, soit aux engrais; enfin, dans quelles circonstances elles seraient nuisibles. C'est ce que nous allons faire, en passant en revue les principaux amendemens.

ARTICLE 1er. — *De la chaux.*

Les principes développés jusqu'ici prouvent l'utilité dans toutes les terres d'une substance alcaline, qui puisse neutraliser les acides formés par le travail de l'organisation des plantes. La chaux remplit très convenablement ce but, pour plusieurs motifs. D'abord, elle est peu soluble dans l'eau, à son état naturel; puis elle attire l'eau et l'acide carbonique de l'air et les condense en développant une chaleur considérable; tu as pu t'en convaincre en voyant éteindre de la chaux par les maçons. Le carbonate qu'elle forme lentement, quand on l'expose à l'air, est insoluble et développe un courant électrique très doux et très favorable à la végétation. Puis, quand un acide plus énergique vient chasser peu à peu l'acide carbonique absorbé, celui-ci n'en reste pas moins de préférence à la surface du sol, à cause de sa pesanteur spécifique, et il y est décomposé par les feuilles qui s'en nourrissent.

La plus grande partie des sols de France manquent du principe calcaire; la chaux leur est donc

utile. « Tout sol, dit M. Puvis, dans la *Maison*
» *rustique du dix-neuvième siècle*, composé de dé-
» bris granitiques, de schistes, presque tous les sols
» sablo-argileux, ceux humides et froids de ces
» immenses plateaux argilo-siliceux qui lient entre
» eux les bassins des grandes rivières : le terrain sur
» lequel la fougère, le petit ajonc, la bruyère, les
» petits carex blancs, le lichen blanchâtre, viennent
» spontanément ; presque tous les sols infestés d'a-
» voine à chapelet, de chiendent, d'agrostis, d'oseille
» rouge, de petite matricaire ; celui où on ne re-
» cueille que du seigle, des pommes de terre et du
» blé noir ; où l'esparcette et la plupart des végé-
» taux de commerce ne peuvent réussir ; où cepen-
» dant les arbres de toute espèce, et surtout les
» essences résineuses et les châtaigniers réussissent
» mieux que dans les meilleures terres ; tous ces sols
» ne contiennent pas le principe calcaire, et tous
» les amendemens où il se rencontre leur donneront
» les qualités et y feront naître les produits des sols
» calcaires. »

Les trois quarts du sol français sont dans ce cas,
et en supposant, avec M. Puvis, qu'on amende aujourd'hui avec des substances qui contiennent le

principe calcaire un tiers de cette surface, il reste-rait encore à améliorer par la chaux LA MOITIÉ du territoire français.

On emploie la chaux de différentes manières ; toutes sont bonnes, si elles sont judicieusement employées. Tu conçois bien, par exemple, que si la chaux est utile en neutralisant les acides, il ne faut pas qu'elle soit en quantité assez grande pour déterminer la formation de ces acides aux dépens des organes des végétaux qu'on veut faire croître.

Veux-tu, au contraire, réduire en engrais des végétaux dont tu n'attendrais pas volontiers la décomposition naturelle et spontanée, tu peux for-mer des couches alternatives de ces plantes et de chaux. La chaux avance la décomposition, en déter-minant une réaction acide, et principalement d'acide acétique. Il se forme un acétate de chaux soluble, qui n'est pas nuisible, et qui d'ailleurs s'écoule dans la terre avec le temps. Après la fermentation acide, la fermentation putride se développe, et tu sais que celle-là est très favorable. La chaux chan-gée ainsi en carbonate et en acétate, les plantes réduites en fumier très promptement, contribuent à faire un très bon engrais. Plusieurs agriculteurs s'en servent sous différens noms, et en vantent les beaux résultats.

Lorsque la chaux est employée simplement sur la terre à cultiver, comme amendement direct, on la dispose en petits tas, à peu près comme on dispose le fumier. On la laisse exposée à l'air jusqu'à ce qu'en absorbant l'eau elle se trouve délitée ou réduite en poussière, on l'épand alors sur le sol comme le fumier et on laboure *.

On emploie un autre procédé plus parfait, mais aussi plus dispendieux. Il consiste à recouvrir chaque tas de chaux d'une couche de terre en quantité cinq ou six fois plus grande que le volume de la chaux éteinte. Lorsque celle-ci commence à foisonner, on remplit de terre les crevasses qui ne manquent pas de se former, et lorsque la chaux est tout-à-fait réduite en poussière, on retourne le tout en mêlant terre et chaux. On recommence quinze jours après si l'on a le temps, et après une autre quinzaine on épand le tout sur le sol.

---

* Chaque tas doit avoir de 18 à 36 centimètres en tous sens. Les tas sont distans entre eux de 6 m. 66.

Si la chaux est chère dans le pays et que les circonstances de temps, de main-d'œuvre, de transport le permettent, on fait un *compost* de chaux et de terre, ou mieux encore, de tranches de gazon ou de tourbe. On fait un premier lit de terre de 33 centimètres d'épaisseur, on le recouvre d'un lit de chaux, on place un second lit de terre, puis un autre lit de chaux, et ainsi de suite en terminant par un lit de terre. Lorsque la chaux se délite, on recoupe la masse pour mêler le compost; au bout d'une quinzaine de jours on recoupe encore et l'on épand sur le sol le plus tard possible.

Cette méthode a l'avantage d'activer le changement en engrais des racines des gazons, de ne jamais laisser la chaux en surabondance sur certains points du sol, de n'en laisser perdre aucune partie, d'échauffer une masse considérable de terre et de la rendre plus poreuse. C'est à peu près la seule méthode usitée aujourd'hui dans la Belgique, les départemens du nord de la France et quelques autres.

Les doses des chaulages sont différentes suivant les différentes espèces de terre, et aussi suivant les usages de chaque pays. Les chaulages du département de l'Ain qui datent de soixante ans se font encore sentir aujourd'hui ; il est vrai qu'ils ont été très considérables, puisqu'on employait jusqu'à cent hectolitres par hectare dans certains terrains. Après un chaulage bien fait, des terres à seigle se convertissent en bonnes terres à froment ; au lieu de produire 3 à 4 semences en seigle, elles produisent 7 à 8 en froment, et le produit dans les terres à froment s'accroît de 2 à 3 semences. Les Anglais, dont le climat est froid, emploient quelquefois jusqu'à 600 hectolitres par hectare.

Dans certains pays du nord, on distingue le *chaulage foncier*, qui consiste à donner au sol tous les dix ou douze ans quarante hectolitres de chaux par hectare ; on mêle souvent à la chaux un tiers, et jusqu'à moitié de cendres de tourbe ou de houille. Le *chaulage d'assolement* se répand en compost sur les céréales de printemps et les prairies ou pâtures qui ne sont pas arrosées. Cette sorte de chaulage se renouvelle tous les quinze ou vingt ans.

Dans la Sarthe, on emploie la chaux en compost, à raison d'un huitième de chaux sur sept huitièmes de terre ou terreau. La quantité de chaux employée ne dépasse guère dix hectolitres par hectare. On met alternativement sur le sol un rang de tas de fumier et un rang de tas du compost. Cette méthode donne des résultats extraordinaires.

Je n'ai pas besoin de te dire que les chaulages ne dispensent pas des engrais. Il est bien vrai que la chaux a pour but d'attirer l'acide carbonique de l'air et tout celui que la fermentation pourrait dégager de trop pour le rendre ensuite peu à peu aux plantes, et qu'en ce sens, la chaux peut être considérée comme un demi engrais. Mais, d'un autre côté, la chaux, en multipliant les courans électriques, et en attirant les acides, active la fermentation des engrais comme nous le verrons plus tard. Elle aurait donc pour but d'épuiser le sol si le cultivateur ne pratiquait pas cette sage maxime avec le plus grand soin :

Rends à la terre par les engrais tout ce que tu lui enlèves par les récoltes.

Lorsque tu chauleras tes terres, tu auras grand soin d'agir par un temps assez sec pour que la chaux ne se réduise pas en bouillie. Dans cet état, en effet, elle perd toute sa chaleur, elle n'est plus perméable à l'air et aux gaz, ce n'est plus qu'un mortier inerte qui ne peut pas convenablement se mêler à la terre.

Cette réflexion te fera comprendre que tu dois employer très rarement la chaux dans les sols humides;
il faut les dessécher préalablement.

Tu chauleras très modérément les sols sableux et
chauds ; c'est de la fraîcheur qu'il faut à ces terrains,
et quoique la chaux attire considérablement l'humidité , elle attire aussi la chaleur et pourrait contribuer à *brûler* , comme on dit , les récoltes.

La quantité moyenne de chaux qui paraît suffire
au sol est de trois hectolitres par hectare , chaque
année , quoique les Anglais s'écartent beaucoup de
cette règle.

Tu pourras me demander ce que devient cette
chaux , car les végétaux n'en absorbent guère. Il est
certain que la quantité de chaux qui a passé dans
le tissu des végétaux n'équivaut guère qu'à un demi
hectolitre par hectare et par an. C'est un sixième
seulement de ce que je te conseille de donner au sol.
C'est que la chaux est un peu soluble dans l'eau ,
et que jusqu'à ce qu'elle forme un sel insoluble , il
s'en écoule une certaine quantité par l'effet des pluies.

Lorsque nous parlerons des engrais proprement
dits , nous verrons qu'un des produits de la décomposition des engrais est un terreau formé en partie

d'un acide ou d'acides peu différens les uns des autres, et auxquels on a donné les noms d'*acide ulmique*, *acide humique*, *acide géique*, et qui forment avec la chaux des *ulmates*, *humates* ou *géates* solubles. Une partie est pompée certainement par les suçoirs des racines, mais une plus forte proportion doit se trouver entraînée hors de la portée des racines par les pluies qui se succèdent dans le cours d'un chaulage. Il faut remarquer pourtant que les pluies d'hiver ne sont pas défavorables sous ce point de vue, car pour toute décomposition il faut une température assez élevée qui ne se trouve pas dans le sol pendant cette saison. Les pluies d'hiver n'enlèvent au sol que ce qui se trouve entraîné mécaniquement ; tout reste insoluble.

La chaux qu'on trouve dans les eaux de sources vient en partie de la chaux entraînée naturellement par les eaux de pluie. Il est peu d'eau qui n'en contienne. Si tu veux t'en assurer, procure-toi de l'oxalate d'ammoniaque, et répands-en quelques gouttes dans un verre plein d'eau, même filtrée, il se formera un dépôt ou un trouble d'oxalate de chaux qui accusera d'une manière bien évidente la présence de la chaux dans l'eau essayée.

(L'eau distillée n'est pas troublée par l'oxalate d'ammoniaque). Il ne faut donc pas admettre l'opinion de ceux qui croient qu'un chaulage suffit pour bien des années et n'a pas besoin d'être réitéré, d'autant moins que certains sels tout à fait insolubles, l'oxalate de chaux, par exemple, s'il s'en forme, ne peut avoir dans le sol qu'une action purement mécanique.

Des cultivateurs peu éclairés ont fait à la chaux de vifs reproches. *Elle épuise le sol*, disent-ils... C'est vrai ; si tu ne fournis pas d'engrais à la terre, la fécondité que lui donnera d'abord la chaux sera bien vite épuisée, faute d'alimens. *Elle brûle les récoltes*, ajoute-t-on. Oui, quand elle est employée sans discernement dans les terrains trop chauds. Enfin, *elle ne produit aucun effet*, prétend-on. Cela est encore exact, mais quand on la laisse former bouillie sans se déliter, ou quand on l'emploie sur un sol déjà calcaire. Tout cela s'explique par les principes que nous avons développés. Emploie donc la chaux, mais emploie-la avec discernement, tu t'en trouveras bien.

ARTICLE 2. — *De la Marne.*

Tu connais déjà la composition de la marne. C'est, tu le sais, un composé d'argile et de chaux carbonatée, c'est-à-dire combinée à l'acide carbonique. Elle se trouve en énorme quantité dans toute la France ; sur les bords des plateaux formés par les terrains d'alluvion et sous ces mêmes plateaux à une profondeur plus ou moins grande. Ainsi, la Sologne qui n'est pour ainsi dire qu'une vaste mer de sable, laisse voir à découvert la marne sur tous ses bords et dans les divers bassins qui la sillonnent ; les terrains blancs de la Bresse, les *boulbennes* de Toulouse, les terres froides de la Normandie recèlent d'énormes quantités de marne infiniment précieuses pour les sols qui les recouvrent.

La marne agit d'abord par la chaux qu'elle contient, puis par l'acide carbonique qu'elle laisse dégager au profit des feuilles quand un acide plus fort vient prendre sa place ; elle agit encore par la force avec laquelle l'argile retient l'eau qui s'infiltre dans le sol ; enfin on peut dire qu'elle agit par la différence de dilatation de ses élémens. Tu me pardonneras cette expression, je te l'explique : la marne contient du carbonate de chaux et de l'argile, or, l'argile ne prend pas le même volume que le carbonate de chaux en se dilatant. Cette différence produit un tiraillement entre les molécules, et si la moindre gelée passe sur ce composé hétérogène, il tombe en poussière au moment du dégel.

L'habile agronome dont je t'ai déjà parlé a résumé pour le marnage toutes les données de l'expérience ; il en a conclu que la proportion de trois pour cent de carbonate de chaux dans la couche labourable doit ordinairement suffire. Pour faire l'application de cette règle, il est important de savoir combien il existe de carbonate de chaux dans la marne dont tu te sers. Or, rien n'est plus facile. Réduis en poudre une certaine quantité de marne et desséche-la bien, sans la calciner, puis pèse-la. Verse ensuite dans la quantité que tu auras séchée, assez d'acide chlorhydrique (muriatique) pour qu'il ne se produise plus le moindre bouillonnement, la même effervescence; puis tu filtreras et tu feras sécher le résidu comme la première fois. La différence de poids indiquera la quantité de carbonate de chaux qui existait dans la marne.

Si ta marne contient seulement dix pour cent de carbonate, il te faudra mettre par hectare :

Si la couche de labour a 3 pouces (8 centimètres) d'épaisseur, 260 tombereaux de 1 mètre cube.

Pour	4	pouces	»	350	tombereaux
	5	»	»	438	»
	6	»	»	520	»
	7	»	»	610	»

Si la couche a huit pouces, on prend deux fois la valeur de quatre, c'est-à-dire deux fois 350. Si elle en a neuf, on ajoute ce qui est indiqué pour quatre et cinq qui font neuf. Pour dix, deux fois la valeur de cinq.

Si la marne contient vingt pour cent de carbonate de chaux ou le double de la quantité ci-dessus, il en faudra moitié moins ; les mêmes doses te serviront pour une tranche d'une épaisseur double.

La dose que je t'indique ici est une dose moyenne qu'il faut appliquer avec discernement. Si ta marne est très argileuse et que le sol le soit aussi, tu seras obligé souvent d'en mettre moins , ou bien tu commenceras par assainir le sol avec du sable ou des graviers avant de lui confier la quantité de marne utile pour rendre les sols de consistance moyenne parfaitement productifs. Si la marne est très calcaire et que le sol soit sablonneux, tu ne l'emploieras qu'avec une très grande réserve comme en Sologne, où la terre ne peut guère supporter que dix tombereaux par hectare.

J'insisterai peu sur les procédés du marnage ; la marne s'étend sur le sol à la manière du fumier ; plus elle reste de temps exposée à l'air, plus son effet est prompt , il ne faut pourtant en attendre de grands résultats qu'après la première année , quand les gelées l'ont bien délitée et qu'elle est parfaitement mêlée au sol. Il faut d'ailleurs prendre pour la marne les précautions que je t'ai indiquées pour la chaux. Il faut la mettre par un temps sec en tas sur le sol, puis l'étendre également par un beau temps quand elle est bien essorée , la laisser passer ainsi l'hiver s'il se peut , et labourer au printemps suivant. Pour elle comme pour la chaux, ce labour doit être profond.

Les heureux résultats de la marne se font quel-

quefois attendre , ils ne sont pourtant pas moins
sûrs et moins durables que ceux de la chaux. Le
Norfolk , en Angleterre, était autrefois couvert de
bruyères et de landes ; c'est une contrée fort riche
aujourd'hui ; l'Irlande a changé complétement avec
la marne une grande partie de son sol ; les marnages,
en Flandre , se renouvellent tous les vingt ans environ avec une marne pierreuse fort riche qui forme
un centième de la couche arable. Dans un certain
nombre de départemens de la France , on creuse des
puits sous le sol même pour en extraire la marne
dont on fait un grand usage. Les marnages de l'Isère,
en particulier, sont assez curieux. On les fait sur un
sol siliceux rougeâtre qui couvre les trois quarts du
bassin du Rhône avec une marne graveleuse qui
appartient au sous-sol , et qui contient de trente à
soixante pour cent de carbonate de chaux. On en
met sur le sol une couche d'un centimètre. Aussi
au lieu d'une misérable récolte de seigle tous les
deux ans , qui ne triplait pas toujours la semence ,
recueille-t-on aujourd'hui huit pour un de froment
pendant les dix ou douze années qui suivent les
marnages ; et , même après ce temps , les bienfaits
du marnage sont encore sensibles. Il serait à désirer

que l'exemple des départemens qui emploient la marne fût suivi dans tous ceux où la surface est privée du principe calcaire ; assez d'exemples en prouvent l'efficacité.

Cependant des doses trop fortes de ce principe ont été souvent nuisibles ; la marne appliquée pendant les pluies a produit des effets fâcheux ; dans les terrains trop argileux on a accru la tenacité du sol ; dans les sols sableux et blancs, on a ajouté, en se servant d'une trop grande quantité de craie sans argile, une propriété fâcheuse aux autres inconvéniens du sol, parce qu'on n'a pas eu l'attention de se rapprocher des principes que je t'ai indiqués pour la combinaison des terres.

Si quelques agriculteurs ont eu à se plaindre de la marne comme de la chaux, après avoir pris toutes les précautions convenables, c'est que leur chaux très probablement contenait de la magnésie. Il faut repousser impitoyablement tout calcaire qui en contient. Tu sais déjà combien cette terre est nuisible à la végétation, et ses qualités spéciales t'en ont fait connaître les principales causes. Malheureusement, beaucoup de marnes et de pierres à chaux contiennent de la magnésie. Je t'ai indiqué plus haut quand je t'ai parlé d'analyse chimique, les moyens d'en constater la présence (*).

Lorsque la terre a été marnée pour la première fois, il arrive souvent qu'elle acquiert un degré de fécondité qui ne se soutient pas et qui ne se retrouve plus. C'est qu'il s'était accumulé dans la terre certains principes qui ne pouvaient pas être décomposés sans l'emploi d'une force plus grande que la force recélée par le sol, et dont l'emploi d'un calcaire facilite l'assimilation. C'est qu'ensuite on croit pouvoir se dispenser de fumier parce qu'on emploie la marne. C'est une erreur grossière et un défaut impardonnable qui tient à l'ignorance des vrais principes. Le carbonate de chaux contient bien un corps (la chaux) qui fait partie de beaucoup de végétaux ; il en con-

---

* Plusieurs savans agronomes pensent avec M. Teilleux que la marne est d'autant meilleure qu'elle appartient à une formation géologique plus récente. De nombreuses expériences faites avec patience et talent sembleraient confirmer cette assertion, qui s'expliquerait par le plus grand état de division des molécules du calcaire. Nous avons vu constamment la même cause reproduire les mêmes effets.

tient un autre, l'acide carbonique, qui sert puissamment à la nourriture des plantes. Mais ces principes sont assimilés à la faveur d'une décomposition qui ne s'opérera que par une rupture d'équilibre, laquelle n'a pas lieu spontanément dans les corps inorganiques et à l'aide de courans électriques provoqués principalement par les combinaisons chimiques que détermine la chaleur douce et humide des fumiers en fermentation.

ARTICLE 3. — *Des coquilles et faluns.*

Les écailles d'huîtres, celles de tortues, les enveloppes de limaçons et tous les corps de même nature sont composés en très grande partie de carbonate calcaire. Les révolutions du globe ont amené autrefois les eaux sur toute sa surface, et il en est résulté des amas ou dépôts souvent considérables de coquillages fossiles que l'on appelle *marne coquillière* ou *falun*.

L'emploi de cette matière a les mêmes propriétés que l'emploi de la marne; le falun est même

préférable ; mieux que la marne il peut servir d'engrais, puisqu'il renferme des matières extractives
animales dont le contact de l'air , l'humidité et la
chaleur déterminent la décomposition.

Ces matières s'emploient absolument comme la
marne. Dans quels cas convient-il d'employer les
marnes ou faluns , dans quels cas la chaux est-elle
plus utile ? La réponse à cette question sera facile
pour toi. D'abord il n'y a pas à balancer quand le
calcaire est éloigné et les transports difficiles; la
chaux doit être préférée ; elle est plus légère , car
elle est privée par la cuisson de cinquante pour
cent d'acide carbonique que l'air lui rend facilement,
et en outre d'une grande proportion d'eau qu'elle
retrouve également dans le sol. Mais lorsqu'on n'a
pas sous la main de la craie assez riche pour la convertir en chaux , lorsque la chaux est chère à
cause de la cherté du bois ou du charbon qu'on
emploie pour la cuire, lorsqu'il faut donner à la
terre une certaine quantité d'argile , ou enfin lorsqu'on ne veut pas faire les avances nécessaires pour
acheter la chaux, les marnages ou falunages conviennent également bien.

ARTICLE 4. — *Des autres substances qui agissent à la manière de la chaux.*

Je dois réunir sous ce titre , pour éviter un double emploi , diverses substances qui ont les propriétés des calcaires en même temps que les propriétés des sels stimulans , et quelquefois aussi les propriétés des meilleurs engrais.

Je ne ferai que les nommer et t'indiquer le principe des propriétés qui les distingue ; ce que je t'ai dit de la chaux et de la marne suffit pour te faire deviner leur mode d'action.

Les *cendres de bois* , perdues dans beaucoup d'endroits , sont recueillies avec soin dans d'autres, et forment un amendement très précieux. En effet , toutes leurs parties ont déjà servi à la nourriture des végétaux , ou , du moins , ont aidé mécaniquement à leur structure. Elles renferment, en assez grande abondance , de la potasse ou de la chaux. On les emploie surtout lorsqu'elles ont servi à faire la lessive du linge ; dans cet état, elles ne renferment que fort peu de potasse, parce que cet alcali est très soluble, mais elles contiennent encore de la chaux et divers sels de chaux à un état d'extrême division que nous avons déjà vu être très favorable à l'action de l'eau, de l'air et des gaz.

Les cendres seraient utiles quand bien même elles n'auraient que les propriétés qu'elles doivent à la calcination; en effet, dans cet état, elles absorbent une grande quantité d'eau et sont propres d'ailleurs à absorber les gaz, d'autant plus que la combustion a été plus imparfaite, et qu'elles contiennent plus de charbon divisé.

Elles agissent, du reste, comme la chaux; elles ameublissent les sols argileux, donnent plus de liant aux sols légers, assainissent les terres humides. Cependant il faut en être assez sobre sur les terres arides; elles ne feraient qu'accroître le mal au lieu de le guérir.

On sème les cendres à la volée comme les grains, ou mieux encore vingt-quatre heures auparavant, par un temps sec. Lorsque le grain est semé, on recouvre le tout par un léger labour, l'effet est rapide. La dose la plus convenable est d'une trentaine d'hectolitres par hectare.

Les cendres se sèment également sur les prairies

naturelles et artificielles et sur les récoltes en végétation. Néanmoins des expériences comparatives
semblent prouver qu'il vaut mieux les enfouir toutes les fois que cela est possible.

Les cendres lessivées sont généralement préférées
aux cendres vives, et c'est avec raison. En effet les
cendres vives contiennent, comme je te l'ai dit,
de la potasse et des sels très-solubles dans l'eau ;
d'ailleurs elles attirent beaucoup l'humidité. Ces
deux circonstances réunies sont nuisibles aux plantes,
car elles produisent d'une manière beaucoup trop
énergique les résultats des alcalis. C'est comme la
chaux mise en trop grande quantité sur un sol ;
elle le brûle *.

(*) C'est à tort que des agronomes habiles (v. la *Maison
Rustique du XIX siècle*) déclarent que la pratique contredit
ici la théorie. Il n'y a pas de contradiction quand la théorie tient
compte de tous les faits. Il faut qu'une base alcaline soit toujours
prête à neutraliser les acides qui se forment pendant la végétation ; mais si elle est trop forte et détermine violemment la formation d'acides qui ne se formeraient pas, le but est dépassé.
La nature agit avec une admirable précision en mettant à profit
d'infiniment petites causes. Ce n'est pas ici le lieu d'appliquer le
proverbe : *abondance de biens ne nuit pas*. Il est certain, par

4

CENDRES DE HOLLANDE. Ce sont des cendres de mer ou des cendres de tourbe du pays. Les *cendres de mer* sont bien supérieures, à cause de la quantité de sel marin qu'elles contiennent. Dans beaucoup d'endroits on brule pêle-mêle les plantes marines, les coquillages, et même la vase qui se rencontre plus particulièrement à l'embouchure des rivières. Ces cendres peuvent se porter assez loin sans exiger de grands frais, et elles sont une puissante ressource pour les cultivateurs.

Les *cendres de tourbe* sont bien moins actives que les cendres de mer; elles ont néanmoins une action puissante sur la végétation. Il y a des pays où l'on brule la tourbe en quantité immense, seulement pour en avoir la cendre. Cette manière d'agir est

---

exemple, que c'est l'oxigène de l'air qui seul est utile à la respiration; si néanmoins nous respirions de l'oxigène pur, nos organes seraient bien vite usés. S'étonner du résultat des cendres vives sur la terre, ce serait s'étonner de voir que l'eau rougie rafraîchit mieux que le vin pur; ce serait rappeler le mot du Sganarelle de Molière: *On dit qu'un verre de vin soutient un homme; j'en ai bu plus de soixante, et je ne peux pas me soutenir.* Pour lui aussi la théorie n'était pas d'accord avec la pratique.

désolante. La chaleur développée par la combustion
est un principe si précieux, qu'on devrait toujours
l'utiliser. Serait-il donc difficile de trouver dans les
localités ou la tourbe est commune une opération
industrielle qui eut besoin de chaleur ? Les cultivateurs auraient le combustible pour rien et profite-
raient des cendres comme ils le font.

Dans les tourbières où le prix des transports n'est
pas très considérable, et où cependant on ne pourrait pas tirer parti de la tourbe, on en forme en la
carbonisant un excellent combustible.

CENDRES DE HOUILLE. Ces cendres ont des propriétés analogues aux autres; néanmoins à un
dégré beaucoup moindre. Il y en a qui sont assez
ferrugineuses pour que les mauvaises qualités neutralisent les bonnes. Néanmoins leur grand état de
division, leurs qualités absorbantes et les restes de
charbon qu'elles contiennent les rendent utiles, indépendamment même des principes fécondans qu'elles
peuvent contenir comme les autres cendres quoiqu'en moins grande quantité.

Il est fâcheux qu'on ne réserve pas avec plus de
soin cette sorte de cendre pour les besoins de l'agriculture.

CENDRES PYRITEUSES, CENDRES ROUGES, CENDRES
NOIRES. Ces différentes substances sont une industrie propre aux départemens du nord de la France.
Les géologues pensent néanmoins qu'on pourrait
les trouver dans une grande partie du territoire
français. Ils les considèrent comme une variété de
lignite d'une formation postérieure à la craie, an-
térieure au calcaire grossier du bassin de Paris et
contemporain de l'argile plastique. On les extrait
dans les lieux où elles se trouvent à la surface du
sol, sous la forme de poudre noire mêlée parfois de
coquillages fossiles, de débris ligneux et bitumi-
neux.

Ces matières sont reconnaissables par la propriété
qu'elles ont de s'échauffer au contact de l'air, lorsqu'on les laisse en tas pendant une quinzaine de
jours, par une douce température. Elles se décomposent et éprouvent une combustion lente qui se
manifeste au dehors par des efflorescences salines,
une odeur sulfureuse, une émanation de vapeurs
accompagnée d'une flamme légère visible pendant la
nuit.

C'est après cette combustion que la terre noire
prend les divers noms de cendres pyriteuses, cen-

dres rouges ou noires. Elles doivent leur couleur soit au charbon, soit au sulfure ou à l'oxide de fer qu'elles renferment, en assez grande quantité souvent, pour être employées avec succès à la fabrication du sulfate de fer (couperose verte) ou du sulfate d'alumine et de potasse (alun) dont le commerce fait une grande consommation.

Les cultivateurs du nord emploient les cendres pyriteuses à la dose de quatre à six hectolitres sur les prairies naturelles ou artificielles et les patures. Sur les récoltes de printemps la dose ordinaire est moitié moins forte.

Les cendres pyriteuses comme les amendemens dont nous avons parlé, peuvent être aussi nuisibles qu'elles sont utiles lorsqu'on les emploie avec sagacité. Ainsi les hommes pratiques ont reconnu que les cendres pyriteuses devaient être semées de bonne heure, avant que la végétation ne soit en vigueur et la sève en jeu. Tu dois en comprendre la cause. Ces cendres qui renferment des principes alcalins solubles en assez grande quantité, ont besoin d'être lessivées, pour ainsi dire, par les pluies; autrement elles agiraient avec trop d'énergie en déterminant la formation d'eau ou d'acide aux dépens de la substance des plantes, et cette force déterminerait des courans électriques dont les jeunes pousses ne pourraient supporter l'effet.

Les mêmes agriculteurs ont remarqué qu'au bout d'un certain temps de nouvelles doses de cendres ne font aucun effet sur les terres ; elles auraient même été nuisibles. C'est, dit-on, que le sol est épuisé. L'expression donne une fausse idée de ce qui se passe. Un sol ne s'épuise pas lorsqu'on lui donne des engrais en quantité suffisante ; mais on peut dire avec plus d'exactitude que le sol est vicié dans sa composition normale ; et je crois que c'est surtout à la quantité de principes ferrugineux qu'il recèle, qu'on doit attribuer le défaut de fertilité qu'on remarque alors.

Je crois, mon brave Jean Pierre, qu'un petit nombre de principes clairs et simples peut t'expliquer bien facilement la composition la plus favorable des terres cultivables. Tu vois comme les divers mélanges et amendemens qui ont été la plupart du temps indiqués par le hasard aux premiers agriculteurs viennent confirmer les règles que j'ai taché de te tracer ; tu comprends comme la science et l'expérience, la théorie et la pratique peuvent se prêter un mutuel secours pour t'apprendre à améliorer les terres les plus ingrates ; et tu en concluras sans peine qu'il n'y a pas de sol qui ne puisse être rendu propre à la culture ; toute la question pratique se réduira donc à une question d'argent, question d'économie qui dépend évidemment des circonstances de lieu, de temps, de débouchés, etc., qu'un livre ne peut déterminer, mais que tu pourras toujours facilement résoudre en chiffres pour bien des localités.

Bien d'autres substances dont il me reste à te parler, les substances salines, par exemple, le plâtre, le sel marin, les platras, le limon de mer, peuvent être considérés comme amendement et sont rangés sous ce titre dans bien des ouvrages, d'autres auteurs leur donnent le nom d'*engrais minéraux* qui leur est refusé par d'autres.

J'attache peu d'importance aux noms, pourvu que tu comprennes bien le mode d'action des diverses substances que tu dois employer pour obtenir un maximum de récoltes au plus bas prix possible. Si donc je classe par le fait au nombre des engrais les sels dont il me reste à te parler, c'est que je ne puis ce me semble faire un pas de plus sans t'expliquer

ce que nous savons du mode de nutrition des plantes, phénomène auquel concourent puissamment
les sels comme les différens engrais organiques.

DEUXIÈME PARTIE.

——◁◇◇◆◇▷——

DES ENGRAIS PROPREMENT DITS.

———

CHAPITRE I.

—

ORGANISATION DES VÉGÉTAUX.

La chimie en décomposant les substances propres aux végétaux, n'y trouve en dernière analyse que trois corps, trois élémens, l'un solide, le charbon, et les deux autres gazeux, l'oxigène et l'hydrogène.

L'oxigène fait partie essentielle de l'air que nous respirons; il y entre pour un cinquième; il fait aussi partie de l'eau et d'une innombrable quantité de corps composés.

L'eau pure n'est formée que de ces deux gaz condensés; l'eau est un *oxide d'hydrogène*.

Quelques substances extraites des végétaux renferment une certaine quantité d'un autre gaz , le *gaz azote*, qui forme les quatre cinquièmes environ de l'air que nous respirons.

Ces substances sont plus facilement décomposables que les autres; on y reconnaît la présence de l'azote pendant la fermentation , à une odeur nauséabonde comparable à celle qui s'exhale des latrines ou des choux pourris.

Les végétaux renferment une certaine quantité de sels qui se retrouvent dans leurs cendres, mais tout nous porte à croire, au moins dans l'état actuel de la science, que ces sels y sont transportés de toutes pièces et n'y sont pas formés par le jeu des organes.

Lorsque les chimistes le veulent , ils peuvent, le plus souvent, composer ou décomposer les différentes substances inorganiques. Avec les élémens d'un corps ils peuvent ordinairement reconstituer ce corps de toutes pièces. Il n'en est pas de même des composés organiques et à plus forte raison des plantes entières. Les composés organiques comme les plantes entières doivent leur formation à un travail particulier que la nature opère, que l'homme peut bien aider, mais qu'il n'imite jamais.

Tout l'art de l'agriculteur se réduit donc, non pas à imiter, mais à aider le travail de la nature.

Tu ne peux aider le travail de la nature qu'en présentant aux plantes ou aux semences des plantes, dans des circonstances favorables, les matériaux qu'elles élaborent.

Nous avons déjà étudié les circonstances favorables au développement des végétaux, lorsque je t'ai parlé de la lumière, de la chaleur, de l'humidité et de la composition des terres ou les végétaux peuvent réussir ; tu dois être aujourd'hui bien fixé sur ce point.

Il ne me resterait donc ce semble qu'à analyser avec toi les plantes pour te prouver qu'elles sont essentiellement composées des élémens dont je t'ai parlé : carbone ou charbon pur, oxigène, hydrogène, et azote quelquefois. Puis en te montrant que ces corps se rencontrent fréquemment dans la terre, j'aurais en apparence le droit d'en conclure que dans toute espèce de circonstances la végétation doit avoir lieu.

Mais la question n'est pas si simple. Il y a en jeu une puissance qu'on appelle la FORCE VITALE et qui n'agit pour donner l'accroissement aux plantes qu'à certaines conditions.

Qu'est-ce que cette force vitale ? Nous n'en savons rien encore, quoique les admirables travaux des chimistes de notre époque, des chimistes français surtout, aient fait faire un grand pas à la physiologie végétale ou à l'étude de la constitution des végétaux. Tout ce que nous pouvons dire jusqu'ici, c'est que l'électricité réduite à de faibles courans continus détermine dans les tissus un mouvement perpétuel de molécules qui s'écartent, se rapprochent, s'attachent l'une à l'autre suivant leur affinité mutuelle, affinité qui n'est peut-être due qu'à un état électrique contraire. Tu sais que les corps se chargent plus volontiers sous certaines influences d'une électricité que de l'autre, et que deux corps chargés ou doués d'électricité contraire ont la propriété de s'attirer, comme ils se repoussent s'ils jouissent de la même électricité.

Si nous en croyons M. Raspail qui a fait faire un grand pas à la physiologie végétale, mais dont le temps, l'expérience et le contrôle des savans n'a pas encore consacré les admirables travaux, tout végétal ne serait qu'une simple aggrégation de cellules indépendantes*; le végétal tout entier existe dans chacune des cellules à la fois.

D'après ce principe, tout organe n'est d'abord qu'un simple globule, et le globule primitif est apte à devenir organe de telle ou telle espèce suivant la manière dont il a été conçu et fécondé, et suivant la place où il apparaît.

La végétation, d'après le même auteur, n'est donc qu'une cristallisation qui résulte de la combinaison de la molécule organique avec des substances terreuses ou ammoniacales.

Dans le germe d'une semence on distingue : la *radicule* qui tend à s'enfoncer dans la terre, parce

---

(*) M. Raspail définit la cellule : une vésicule imperforée dans laquelle circulent des *spires*, infiniment petits cylindres roulés en spirale ; ce serait dans ces spires que s'élaboreraient les élémens des végétaux.

que , suivant M. Raspail , elle ne saurait s'élaborer que dans l'obscurité , et la *plumule* qui s'élève en l'air , parce qu'elle s'élabore seulement à la lumière du soleil. Le résultat de l'élaboration, c'est l'alongement des organes , alongement qui résulte de l'accolement ou aggrégation des cellules.

On ne peut disconvenir que ces idées neuves pour la plupart n'offrent un moyen simple et facile d'expliquer bien des faits que la science ne pouvait expliquer jusqu'ici, et ne forme un systême aussi complet qu'ingénieux , qui nous aiderait merveilleusement à comprendre comment, par exemple, il se forme ici une feuille , là une branche , plus loin une fleur laquelle devient un fruit. Ainsi le bourgeon est une graine qni germe sur la plante , tandis que la graine est un bourgeon qui s'isole pour aller germer ailleurs. Ainsi le bourgeon qui doit produire une feuille est aussi bien que la graine le résultat d'une *fécondation* qui résulte de l'*accouplement* ou combinaison de deux élémens ou molécules contraires. L'appareil mâle et l'appareil femelle, ou en d'autres termes l'organe électro-positif et l'organe électro-négatif s'attirent pour produire, et se repoussent après avoir produit ; c'est l'effet ordinaire des

deux électricités. La fécondation n'est que le développement cellulaire qui change de nom en chan-
geant de formes accessoires.

Et te citant ces quelques passages de l'ingénieux
système d'un homme qui poursuit avec une infatigable patience le cours de ses investigations micros-
copiques, j'ai pour but plutôt de te donner une idée
de ce qui peut se faire que de t'expliquer ce qui se
fait réellement. Quoiqu'il en soit de la réalité de
ces hypothèses, il est bien vrai que les plantes
offrent dans toutes leurs parties des appareils infiniment petits qui élaborent les sucs et les gaz convenables. Il n'est pas moins certain que ce jeu des
appareils a lieu sous l'influence d'une force particulière, qu'il importe peu d'appeler force vitale ou autrement dans la pratique, pourvu que nous sachions
bien quelles sont les circonstances qui développent
le mieux cette force inconnue *.

---

* Nous ne pouvons résister au désir de citer encore un passage de l'ouvrage de M. Raspail : il a plus particulièrement trait
au sujet de ce livre :

« Le terrain exerce sur la végétation deux sortes d'influences
bien distinctes : l'une comme véhicule des gaz, de l'air, de

Or, pour laisser là les opinions et ne plus nous occuper que des faits constatés par l'expérience, voici ce qui se passe dans le développement des plantes :

---

l'eau, etc. l'autre comme élément propre. On doit considérer la nature chimique de ses molécules et la nature des bases terreuses qui doivent s'associer aux tissus qu'élaborent les plantes.

» Chaque plante ne végète que là où elle trouve les matériaux nécessaires à son organisation. Après avoir épuisé le sol de tous les sels qui leur étaient convenables, les végétaux y dégénèrent si on les y maintient plus long-temps.

» Aussi observe-t-on que le froment se conserve dans certains terrains sans qu'on soit obligé de changer de semence, tandis que dans d'autres il dégénère dès la troisième année.

» Le froment vient mal sur le terrain qui a produit du froment l'année précédente, car le terrain est épuisé des sels qui lui conviennent. De là vient la nécessité de la rotation des récoltes ou des jachères mortes qui équivalent à une rotation improductive ; car la nature sème là ou vous ne semez rien.

» Il faut avouer cependant que si le terrain était épuisé des bases nécessaires à une culture déterminée, on ne comprend pas comment cette culture pourrait les renouveler utilement une année ou l'autre, sans que l'on rendit à la terre, par des marnages, chaulages ou autres amendemens, les sels indispensables. Si donc les rotations sont utiles, c'est que la terre n'est point épuisée, mais seulement hors d'état (pour le moment) de livrer à une culture déterminée les bases qui lui conviennent. Voici comment cela s'explique :

Les plantes se reproduisent principalement par leurs graines, quoique dans bien des circonstances on puisse en multiplier beaucoup au moyen des branches, des feuilles même, et des bourgeons par des *boutures*, *marcotes*, etc.

» Les bases terreuses sont transmises aux plantes par leurs racines au moyen de la succion : or la succion suppose un empâtement, une adhérence de deux surfaces ; nous devons donc croire que les dernières ramifications radiculaires tiennent à la molécule terreuse qui convient à leur végétation. Les racines privées de leur tige n'en conservent pas moins leur vitalité et quelque fois leur végétation souterraine plus d'une année ; en conséquence, après la récolte, les terminaisons des racines resteront encore empâtées aux molécules terreuses qu'elles ont été destinées à élaborer ; elles les soustrairont de cette manière comme une couche isolante à l'élaboration de tout système radiculaire animé des mêmes tendances et des mêmes sympathies ; et le végétal du même nom périra d'inanition au milieu de l'abondance des matériaux nécessaires à son développement que d'autres individus ont envahi et dominent encore. Force sera donc d'attendre que la décomposition des tissus radiculaires ait mis à nu les molécules terreuses pour qu'une récolte de même nom réussisse dans ce même terrain ; et force sera aussi, si l'on désire utiliser l'espace, de n'y semer que des plantes de goûts contraires et dont les tissus réclament des bases d'une autre nature que les premières.

La graine d'une plante renferme trois parties * :
l'une, la *radicule*, qui plonge dans la terre pour y
prendre la forme de racines ; l'autre, la *plumule*,
qui se dirige en haut pour former la tige ; la troisième enfin, qui contient les alimens nécessaires
pour la plante naissante. Tant que l'air, la chaleur
et l'humidité n'ont pas d'action sur la graine,
celle-ci ne subit aucune altération ; mais sous l'influence de ces agens le germe se développe, les
racines croissent ainsi que la tige jusqu'à ce que la
graine ne leur fournisse plus d'aliments ; alors la
germination est terminée ; c'est à la terre et à l'air
qu'est confié le soin de pourvoir à la nourriture de
la jeune plante.

Les réactions qui s'opèrent pour arriver là sont
difficiles à saisir. Voici ce que nous en savons : Sous
l'influence d'une douce température, l'humidité
pénétrant sous l'écorce de la graine, développe par le
contact un faible courant électrique ; la substance

---

* Une partie de ce qui suit est empruntée à nos *Entretiens
sur la Chimie*, 1 v. in-8°, édités par MM. Mame, à Tours.

de la graine se gonfle par l'eau qui pénètre toujours plus profondément et augmente l'énergie de l'électricité. L'équilibre entre les molécules de la graine est rompu, par un dégagement d'acide carbonique. Une partie de la matière qui formait la graine se trouve (par l'abandon des élémens de l'acide carbonique formé) changée en une autre que les chimistes nomment *diastase* et qui réagit à son tour sur la fécule de la graine en distendant considérablement ses globules. Un suc laiteux et sucré peut se dégager alors de l'intérieur des grains de fécule pour alimenter les germes. Quand ceux-ci parviennent à la lumière, les rayons du soleil les colorent et leur donnent la faculté d'absorber et d'exhaler des gaz; le mélange qui s'opère alors arrête la réaction de la diastase si elle n'est pas terminée ; l'allaitement des germes est fini ; le suc laiteux et sucré se change en une matière gommeuse, résineuse, acide qui donne aux organes, déjà plus développés, la force nécessaire pour porter et élaborer les alimens que la terre et l'air vont leur fournir.

Pendant que ce travail s'exécute sur la graine il s'opère une fermentation, et par là même une décomposition des élémens inutiles à la nourriture de la jeune plante, et le résultat de cette décomposition est, au moins dans beaucoup de circonstances, de l'acide acétique ; c'est du reste le premier résultat de toute décomposition des matières organiques sucrées et de plusieurs autres.

C'est ici le lieu de te faire remarquer combien sont utiles la chaux et les substances alcalines que l'on introduit comme amendement dans la composition des terres. L'expérience a prouvé que pour développer la vie des plantes, l'influence de l'électricité était nécessaire et que l'électricité négative était la seule qui se développe utilement. Or, la plupart des acides dans la plupart des cas développent l'électricité positive, surtout en présence des bases. C'est dans ce fait qu'il faut chercher la cause de la plupart des sympathies et des antipathies que que l'on découvre dans l'union des principes des plantes.

Mais quelle est la cause de ces phénomènes électriques? Pourquoi un corps qui s'électrise positivement en présence de telle substance, prend-il l'électricité contraire en présence de tel autre? Nous sommes obligés d'avouer en ce point comme en beaucoup d'autres que les connaissances humaines sont encore infiniment bornées, et qu'il est excessivement difficile de suivre la nature dans ces opérations délicates. On a remarqué pourtant (et tout ici se réduit à des conjectures) on a remarqué que lorsque deux corps sont en contact, celui qui a l'aspect le plus vitreux se charge de l'électricité positive, celui dont la surface est rugueuse et garnie d'aspérités se charge de l'autre. Deux corps de même nature, par exemple, deux rubans de soie blanche de la même pièce frottés en croix développent sensiblement de l'électricité. Celui qui se charge de l'électricité négative est celui qui se trouve le plus échauffé ou celui dont les vibrations moléculaires sont les plus nombreuses. C'est celui par conséquent, qui se trouve frotté transversalement.

Quand c'est un liquide qui s'évapore, la partie vaporisée est électrisée négativement, la partie encore liquide s'électrise positivement. Le contraire a lieu dans la condensation d'un gaz : la partie condensée est animée de l'électricité négative ; celle qui conserve encore la forme gazeuse donne des signes d'électricité positive.

Pour les corps simples, le corps qui produit

l'oxide le plus énergique acquiert l'électricité positive.

Toutes ces observations réunies et généralisées
avec une patience admirable par M. Becquerel forment aujourd'hui les premiers rudimens d'une
science nouvelle, l'*électro-chimie*, qui nous pro-
met la clef de bien des phénomènes inconnus jusqu'ici.

Soit que l'évaporation des parties gazeuses rejet-
tées par les plantes, les charge de l'électricité positive, soit que eet excès d'électricité soit dû aux
combinaisons intimes qui s'opèrent dans la plante,
toujours est-il que cette disposition existe bien réellement et bien constamment dans les plantes.

Or, comme les molécules d'électricité semblable
se repoussent et que les molécules d'électricité contraire s'attirent ; nous serons portés naturellement à
conclure que les corps qui doivent servir à l'alimentation des plantes, doivent jouir de propriétés contraires, c'est-à-dire être électrisés négativement.
C'est là la première condition pour que deux molécules s'unissent et forment l'état naturel du nouveau composé.

L'état de la science est sans doute trop peu avancé

pour que nous puissions rien affirmer d'une manière positive, et surtout convertir ces découvertes
en données essentiellement pratiques pour toi. Je
ne suis entré dans ces détails que pour te montrer
comment tout peut se lier dans la nature, et quels
sont les louables efforts de la science pour faire sortir
la pratique des vieilles ornières de la routine, et
coordonner ensemble pour en faire un corps de doc-
trine les faits utiles que je dois successivement t'exposer, sans chercher davantage à les rattacher aux
théories, ou si l'on veut, aux systèmes dont j'ai dû
te dire un mot.

CHAPITRE II.

—

DE LA NOURRITURE DES VÉGÉTAUX.

Les expériences les plus délicates ont été faites par les savans pour prendre la nature sur le fait, et s'assurer de la manière dont se nourrissent les végétaux. Personne ne doute qu'ils ne puisent dans la terre une partie de leur nourriture ; on est même tout d'abord porté à croire que la terre seule leur fournit un aliment. Mais avec un peu d'attention, tu ne tarderas pas à comprendre qu'il n'en est pas ainsi : une plante dépouillée de ses feuilles dépérit bientôt ; les arbres en futaie élèvent leur cime bien plus haut que s'ils étaient isolés, ils paraissent chercher l'air ; enfin une foule de phénomènes prouvent que l'air est aussi indispensable à la vie des plantes qu'à la vie des hommes.

Cependant des présomptions ne suffisent pas et il a fallu s'assurer directement que les plantes se nourrissent par les feuilles et généralement par leurs parties vertes. C'est à Théodore de Saussure que nous devons les plus belles expériences sur ce sujet.

Il a fait végéter pendant plusieurs jours sept plantes de pervenche dans une petite quantité d'eau pure en enveloppant ces plantes d'une atmosphère artificielle sous une cloche.

La cloche contenait :

	Avant le sejour des plantes.	Après l'opération.
Azote	4,199 m. c.	4338 c. m.
Oxigène	1,116	1408
Acide carbonique,	431	0
	5,746	5,746

L'air après l'opération n'avait pas sensiblement diminué de volume ; il contenait comme auparavant 5,746 centimètres cubes.

Il résulte de l'expérience que 431^m cubes d'acide carbonique ont disparu, et que par conséquent,

4*

ils ont été absorbés par les plantes. Mais une partie de ce gaz se retrouve en oxigène *; l'autre est remplacé par un surcroît d'azote, d'où nous devons conclure que tout le carbone de l'acide carbonique et une partie de son oxigène ont été absorbés, tandis que les plantes ont rejeté de l'azote.

D'autres tiges, aussi semblables que possible d'âge, de volume et de poids, ont donné avant que celles-ci fussent soumises à l'expérience 528 milligrammes de charbon. Celles qui ont supporté l'expérience ont été analysées immédiatement après et ont donné 649 milligr.; d'autres enfin toutes semblables qu'on a mis végéter avec les mêmes soins pendant le même temps dans une atmosphère soigneusement privée d'acide carbonique ont plutôt diminué de poids qu'augmenté.

Les tiges soumises à la première opération ont laissé dégager autant d'azote qu'elles ont absorbé d'oxigène. De plus, elles ont absorbé 217 milligrammes de carbone; or, (supposées sèches) elles

---

* L'acide carbonique est composé de 38,22 de carbonne contre 100 parties d'oxigène.

pesaient avant l'opération 2 gr. 707; après l'opération 3 gr. 237, elles ont donc augmenté de 530
milligrammes. Sur ce poids, 217 milligrammes
proviennent du carbone, le reste ne peut venir
que de l'eau dans laquelle plongeaient les racines.

Ces expériences mille fois répétées avec le plus
grand soin ne laissent aucun doute sur cette vérité
que les plantes tirent de l'air, et spécialement de
l'acide carbonique de l'air une partie de leur nourriture. D'autres expériences aussi nombreuses faites
sur le tournesol paraissent prouver que dans les circonstances ordinaires, ce végétal dont l'accroissement est très prompt n'a pas pris à la terre plus du
vingtième de la substance organisable qui l'a nourri.

C'est par les parties vertes seulement que les
plantes absorbent l'acide carbonique et l'oxigène de
l'air ; c'est par elles aussi sans doute que l'eau se
décompose pour l'assimilation. La décomposition
ne se fait qu'à la lumière du soleil. Pendant la nuit
au lieu d'absorber l'acide carbonique pour le décomposer, les plantes l'exhalent et n'absorbent plus que
de l'oxigène. Mais en ajoutant l'action du jour à
celle de la nuit, on trouve qu'en somme la *respiration* des plantes, car c'est là une véritable respira-

tion, ne diminue pas la quantité d'oxigène libre dans l'air ; elle l'augmente au contraire en décomposant l'acide carbonique.

Cet acide se trouve toujours en dissolution dans l'air même à la plus grande hauteur à laquelle l'homme ait pû parvenir en ballon. Mais lorsque l'air en est saturé, ce gaz, à cause de son poids, occupe la partie inférieure de l'air, et se trouve par conséquent plus près des points où sa présence est le plus nécessaire.

S'il est vrai que les plantes tirent de l'acide carbonique de l'air leur principale nourriture, il n'est pas moins vrai que les racines ne sont pas moins nécessaires à leur végétation. Elles puisent par là de l'air, de l'eau et différens sels, ceux surtout qui sont riches en carbone.

Théodore de Saussure fit végéter de jeunes marronniers dans les conditions suivantes : la tige et les feuilles étaient à l'air libre, les racines étaient sous une cloche en verre dans laquelle on pouvait introduire tel gaz qu'on voulait. On mit dans certaines cloches de l'air pur en contact avec les racines ; les maronniers végétèrent. Ils moururent en quinze jours lorsqu'on tint les racines plongées dans le gaz hydrogène et le gaz azote ; ils moururent en huit jours dans l'acide carbonique. L'accès de l'air est donc utile aux racines des plantes ; ce n'est donc pas sans motif qu'on recommande aux agriculteurs les labours fréquents. Tu sais que les meilleures terres, si elles composent le sous-sol, ne sont pas propres à la végétation, et que le meilleur sous-sol ramené à la surface rend tes champs infertiles pour un temps. Tu sais que la marne trop compacte, à grains trop serrés, n'est utile que lorsque la gelée en a distendu les molécules et qu'en général, à moins qu'elle n'ait été longtemps exposée à l'air, elle ne produit guère d'effet la première année. Il est donc facile en coordonnant les faits que je t'ai cités, d'expliquer des anomalies apparentes dont le but est de consacrer la routine en lui prêtant une apparence de sagesse et de raison.

Que l'eau soit utile aux plantes, c'est une vérité que l'on ne révoque pas en doute ; un grand nombre de plantes recèlent plus de la moitié de leur poids d'eau ; et il est facile de concevoir que si les plantes pompent par les suçoirs de leurs racines une certaine quantité de sels, ces sels doivent être dans le plus grand état possible de division, c'est-à-dire dissous dans l'air ou dans l'eau , c'est-à-dire encore à l'état gazeux ou bien à l'état liquide.

Aussi t'ai-je dit que la terre devait être composée de telle façon qu'elle fut perméable en même temps à l'air et à l'eau, sans pourtant renfermer assez d'eau pour intercepter l'action de l'air et de la chaleur.

Les racines des plantes absorbent donc une certaine quantité de nourriture à l'aide de l'air , de l'eau , de la chaleur et d'une influence électrique qui suivant nous est le principe de la vie dans les vègétaux. Mais elles n'absorbent pas indifféremment tous les sels qui se présentent , elles ont la propriété de rejeter certains principes et de s'en assimiler d'autres. Que l'on coupe la tige d'une plante , d'un arbre , d'une fleur et qu'on la laisse plongée dans un liquide , elle absorbera en égale proportion tous les principes en dissolution dans le liquide ; il n'en est pas de même sous l'influence de la vie , par l'intermédiaire des racines ; celles-ci s'assimilent les sels qui lui sont offerts en proportions tout-à-fait différentes.

Voici les expériences qui ont été faites à ce sujet sur deux sortes de plantes : le *polygonum persicaria* et le *bidens cannabina* :

Les expériences ont duré cinq semaines ; on a dissous dans l'eau un centième des sels essayés. Seulement on a porté à 4 pour cent la dose d'extrait de terreau.

Etat des plantes	sels en solution	quantité absorbée par les racines de	
		Polygonum	Bidens.
Prospère	chlorure de potassium	14,7	16
Id.	chlor. de sodium (sel marin.)	13	15
Id.	Azotate (nitrate) de chaux	4	8
Id.	sulfate de soude	14,4	10
Languissant	sel ammoniac	12	17
Morte en 10 jours	acétate de chaux	8	8
Morte en 3 jours	sulfate de cuivre	47	47
Id.	sucre	29	8
Morte en 10 jours	gomme	9	32
Prospère	extrait de terreau	5	6

Il était assez curieux d'étudier le mélange de différens sels afin de voir quels sont ceux qui seraient le plus facilement repoussés.

Mélange de	quantité absorbée par les racines de	
	Polygonum	Bidens.
Sulfate de soude	11,7	7
Sel marin	22	20
Sulfate de soude	12	10
Chlorure de potassium	17	17
Acétate de chaux	8	5
Chlorure de potassium	33	16
Nitrate de chaux	4,5	2
Sel ammoniac	16,5	15

Mélange de	quantité absorbée par les racines de	
	Polygonnm	Bidens.
Acétate de chaux	31	35
Sulfate de cuivre	34	39
Nitrate de chaux	17	««
Sulfate de cuivre	34	««
Sulfate de soude	6	13
Sel marin	10	16
Acétate de chaux	0	0
Gomme	26	21
sucre	34	46

La propriété inégale d'absorption paraît bien prouver que la racine a un pouvoir déterminé d'exclure un excès du corps dissous. Cette propriété paraît tenir à la conductibilité électrique, à son intensité, et à l'espèce d'électricité dont se charge tel corps en contact avec tel autre.

Les corps qui produisent l'effet le plus nuisible sont absorbés en plus grande quantité; c'est qu'alors les corps nuisibles en détruisant la vitalité de la plante détruisent la faculté qu'elle peut avoir de les exclure. Quand les corps en dissolution ne paralysent pas le pouvoir des racines, l'eau est absorbée en plus grande quantité.

Les poisons minéraux et végétaux tuent les plantes comme les animaux et les hommes. Le chlore et les gaz acides font de même. Un demi pour cent de gaz

acide sulfureux mêlé à l'air, les fait périr en trois
heures. Les feuilles supportent mieux quelques cen-
tièmes d'ammoniaque et d'acide sulfhydrique. L'effet
des poisons est analogue dans ce cas à celui qu'il
produit sur les animaux ; ils désorganisent les tissus
en forçant les molécules à se réunir dans d'autres
conditions pour former un composé nouveau avec
lequel ils ont une grande affinité.

Les plus importans des sels qui entrent dans l'organisation des végétaux sont sans contredit ceux qui
contiennent du charbon en plus grande quantité
sous le même volume ; car tu sais que la majeure
partie des végétaux secs se compose de charbon,
comme tu peux t'en assurer en les brûlant à l'abri
du contact de l'air, ou en vases clos qui laissent
échapper les gaz sans donner accès à l'air extérieur.

Les conditions nécessaires pour que ces sels produisent tout le fruit possible sont les suivans :

Les sels doivent être solubles pour pénétrer dans
le tissu des plantes, mais leurs principes doivent être
insolubles pour qu'ils ne puissent pas être entraînés
par les pluies.

Ils doivent être neutres ou alcalins, mais non
acides, à cause des propriétés électriques contraires

qui empêcheraient dans la plante l'association des molécules.

C'est dans les débris végétaux et animaux, qui constituent principalement le terreau, qu'on trouve réunies les propriétés nécessaires pour la vie des végétaux.

Ces détritus en passant d'abord par divers degrés de décomposition et de fermentation entretiennent une certaine chaleur et une infinité de petits courans électriques très faibles, mais continus dont nous avons vu précédemment les propriétés.

Lorsque la décomposition est complète, il s'est dégagé des détritus organiques une certaine quantité d'acide carbonique et de gaz ammoniacaux qui trop souvent sont perdus pour la végétation, surtout quand il ne se trouve pas mêlé au terreau une suffisante quantité de charbon ou d'autres corps très divisés qui retiennent au passage les gaz entre leurs pores et ne les laissent échapper qu'avec le temps.

Il ne se forme que trop souvent encore par la fermentation des végétaux une certaine quantité d'acide acétique. Cet acide est nuisible à la végétation, tant par ses propriétés électriques que par son affinité pour l'eau et les bases qu'il enlève aux végétaux. Il est probable que les cultivateurs auront observé souvent que certains fumiers végétaux commençaient par avoir des propriétés nuisibles et cette observation sottement généralisée, les aura conduits à croire que pour être utile à la végétation tout fumier devait être consommé.

C'est une grande erreur.

Les mauvaises propriétés de l'acide acétique prouvent la nécessité de la marne ou de la chaux dans le sol ; car alors l'acide s'unit à cette base, et il se forme de l'acétate de chaux, sel soluble dont la pluie débarrasse bien vite la terre et que les plantes, repoussent d'ailleurs avec énergie pourvu qu'un courant électrique puisse s'établir entre elles et un sel utile. C'est ainsi que dans le tableau précédent les plantes essayées ont pu s'assimiler une certaine quantité de sulfate de soude et de sel marin, sans absorber la moindre parcelle d'acétate de chaux, quoique ce sel ne pût être exclu du vase dans lequel végétaient les plantes.

Les réactions diverses du terreau proprement dit (mélange de terre végétale et d'engrais consommé) sont assez nombreuses et assez délicates pour avoir échappé à un examen approfondi, néanmoins voici ce que le travail d'un grand nombre de **chimistes a** permis de conclure :

Le terreau peut se diviser (abstraction faite des parties terreuses) en trois substances qui se métamorphosent constamment jusqu'à leur complète absorption : ce sont suivant Saussure et Berzélius :

1° *L'extrait de terreau ;* c'est un corps soluble dans l'eau qu'il colore en jaune ; il laisse après l'évaporation un *extrait* jaune d'où il se sépare de la *géine* quand on le reprend par l'eau.

2° La *géine* nommée *ulmine* par Braconnot, *acide de l'humus* par Döbéreiner et Sprengel. Elle existe dans la terre végétale et la suie ; la sciure de bois traitée par la potasse caustique en contient aussi. Elle est produite par l'influence de l'air sur l'extrait de terreau. Elle retient assez de l'acide qui la précipite pour rougir fortement le tournesol et neutraliser les bases. Dans cet état elle prend le nom d'acide *géique,* acide *ulmique,* acide *humique.* Elle forme avec les alcalis des sels solubles.

Lorsqu'elle se dissout dans les carbonates alcalins, ceux-ci se changent moitié en géates, moitié en bi-carbonates (oxides deux fois carbonatés). Cependant, évaporée dans le carbonate d'ammoniaque, elle produit du géate d'ammoniaque.

Quand elle est dissoute dans la potasse en excès, elle absorbe de l'oxigène et la potasse se change en carbonate.

Avec les terres alcalines elle forme des combinaisons pulvérulentes très peu solubles, que les carbonates alcalins décomposent.

3° Le *terreau charbonneux*, substance noirâtre qui forme la principale partie du terreau. Elle est insoluble; cependant avec le temps elle transformé l'oxigène de l'air en acide carbonique à l'aide de l'humidité et d'une température douce. Quand elle a perdu son excès de carbone, elle se transforme peu à peu en *extrait*, en *géine*, en acide *géique*, puis en *géate* de chaux, de potasse, de soude d'ammoniaque, suivant qu'elle se trouve en contact avec l'une de ces bases.

Tu vois, si tu peux suivre ces détails, combien la décomposition du terreau est bien graduée pour n'en céder que peu à peu. Tu vois quelle source féconde de courans électriques favorables dans ces substances qui ne deviennent pour ainsi dire qu'indirectement acides. L'eau convertit en extrait de ter-

5

reau une partie de la géine restée insoluble ; au contact de l'air la matière dissoute et qui ne trouverait pas d'emploi repasse à l'état de géine. Le terreau charbonneux qui transforme une partie de l'air en acide carbonique est lui-même changé par l'air en géine et en extrait de terreau.

Je ne sais si le peu que je t'ai appris des transformations chimiques des corps, te permet de suivre ce que je te dis : il t'en restera toujours cette conséquence que le terrain est la source la plus féconde de vie et de nourriture pour les végétaux. Les corps dont le terreau détermine la formation sont ou deviennent solubles et insolubles, alternativement jusqu'à ce qu'ils rendent solubles des corps qui ne l'étaient pas auparavant : les sels alcalins et terreux. Ainsi la dissolution d'extrait de terreau celle de géate de chaux, d'alumine de potasse, etc., sont absorbés par les racines avec une grande quantité d'eau qui s'évapore à travers les feuilles, lorsque celles-ci reçoivent l'acide carbonique de l'air qui aide à solidifier par son carbone les dissolutions pompées par les racines,

Le terreau végétal n'opère toutes ces transformations qu'autant qu'il est exposé à l'air et à l'eau. Il retient les trois quarts de son poids d'eau, et si on le dessèche, au bout de 24 heures il a absorbé tout autant d'air et d'eau qu'auparavant.

En résumé les plantes ne vivent que d'hydrogène, d'oxigène et de carbonne ; il faut ajouter à ces substances celles qui se retrouvent dans les cendres des végétaux : potasse, soude, chaux, alumine, etc. Ces substances doivent être transportées dans les plantes au moyen de certains courans électriques, souvent elles doivent être prises à l'état naissant, c'est-à-dire au moment où elles deviennent libres et dégagées d'une combinaison précédente. Elles doivent être dans un état tel que la respiration qui se fait par les feuilles, fixe ou du moins épaississe suffisamment les sucs qui circulent dans le tissu cellulaire.

J'en finis avec toutes ces notions scientifiques, sur lesquelles la science elle-même n'est pas parfaitement fixée. Il était nécessaire de te donner une idée de la manière dont les plantes se nourrissent, pour juger l'espèce de nourriture que tu dois leur donner.

Passons en revue les différentes espèces d'engrais en reprenant celles que la plus grande partie des auteurs considèrent comme excitant ses forces végétatives, c'est-à-dire développant ou conduisant d'une manière plus efficace les courans électriques qui déterminent l'agrégation des molécules.

———

CHAPITRE III.

—

DES SUBSTANCES MINÉRALES SALINES.

Lorsque nous avons parlé de la marne et des cendres, nous avons déjà parlé des sels qui aident au développement des végétaux. Ainsi la marne n'est à proprement parler qu'un carbonate de chaux qui se trouve décomposé par le premier acide mis en contact avec lui, et qui laisse échapper de l'acide carbonique, lequel est pompé par les feuilles. Les cendres renferment aussi des terres ou des alcalis carbonatés et sont utiles sous ce rapport ; enfin les sels qui ne seraient pas décomposés sont souvent utiles, soit pour entretenir l'humidité et favoriser d'autres dissolutions, soit pour conduire les courans électriques si nécessaires.

Passons en revue les substances que l'expérience a fait considérer comme les plus utiles sous ce rapport bien avant que la science n'ait reconnu leur mode d'action.

Sel marin. Si nous en croyons les historiens, ce n'est pas d'hier seulement que les agriculteurs connaissent l'influence du sel sur les terres. On a presque de tout temps cherché à féconder le sol avec cette substance, quoiqu'Abimélech, après s'être rendu maître de Sichem, se soit avisé pour stériliser la terre d'y faire semer une grande quantité de sel. Depuis ces époques reculées jusqu'à nos jours, l'usage du sel s'est perpétué, et les Anglais surtout lui attribuent une grande puissance.

Quoique son emploi soit beaucoup plus restreint chez nous que chez nos voisins, on s'en sert spécialement sur les bords de l'Océan où l'on utilise comme engrais soit la vase de la mer qui en contient beaucoup, soit le dessus des monceaux de sel des marais salans. Dans le Morbihan, on arrose les fumiers avec de l'eau salée, et l'on s'en trouve bien.

Dans l'intérieur des terres l'emploi du sel est difficile ; car il coûte cher , quoique cette substance dût revenir à un prix excessivement minime, si elle n'était frappée d'un impôt très onéreux. Cependant plusieurs agriculteurs espérant que le gouvernement laisserait entrer en franchise le sel destiné à l'agriculture ont fait des essais comparatifs pour juger cette matière. Les expériences les plus décisives ont été faites par M. Lecoq : il en résulterait que la dose la plus productive pour les céréales paraît être de 3 kil. par are à peu près dans tous les sols ; au-dessus et au-dessous de cette dose les produits sont moindres. Les pommes de terre et le lin sont dans le même cas. Les fourrages légumineux ne demandent qu'une dose moitié moindre. Cette dose (trois quintaux par hectare) paraît avoir produit le même effet que cinq milliers de plâtre.

L'habile directeur de Roville, M. Mathieu de Dombasle combat l'emploi du sel et assure que cette substance employée par lui aux *doses ordinaires* n'a jamais produit d'effet sensible ; mais tant d'exemples prouvent en faveur de l'emploi du sel, son usage est si général qu'il est à croire que ce savant aura employé des doses fortes, ou se sera trouvé dans des circonstances exceptionnelles.

Le sel augmente la saveur des plantes et les rend de plus facile digestion pour les animaux ; c'est là un mérite qui n'est pas à dédaigner quand il n'en aurait pas d'autre. Il donne aux bestiaux qui se nourrissent d'herbes sur lesquelles on a répandu du sel, un plus grand appétit et une chair plus savoureuse : la réputation des moutons de *pré salé* est européenne.

Le sel agit plus sur les feuilles que sur les grains ; aussi n'en emploie-t-on qu'une demi dose pour les fourrages.

ENGRAIS DE MER. On entend par ce nom les vases que les paysans recueillent sur les bords de la mer principalement à l'embouchure des rivières qui charrient dans leur lit des détritus de végétaux, du terreau enlevé aux champs fertiles, des débris de poissons, de coquillages, etc.

La richesse de l'engrais de mer est grande, quoique ces substances soient très variables dans leur composition. Elles gagnent beaucoup par la présence des plantes marines qui pourrissent dans la terre ou qu'on brûle pour répandre les cendres à la surface.

L'engrais de mer renferme à la fois les propriétés

des amendemens salins et des meilleurs engrais.
Aussi devrait-on l'employer à de plus grandes distances si les voies de communication le permettaient.
Il convient beaucoup à la luzerne, au trèfle, au lin,
au chanvre, aux pommes de terre et même au froment. Il fait périr plusieurs espèces de mauvaises
herbes et particulièrement le jonc des prairies. Les
blés venus sur des terres amendées à l'engrais de
mer, sont, dit-on, moins sujets que les autres à la
carie.

La proportion d'engrais de mer dépend essentiellement de sa richesse; cependant la dose la plus convenable paraît être de 7 à 10 tombereaux d'un mètre
cube.

ENGRAIS DE NOIRMOUTIER. C'est un engrais de
mer composé, que font les habitans de l'île de Noirmoutier et qu'on imite sur d'autres points. On brûle
le varech, plante qui croît en abondance dans la
mer; on brûle les cendres avec de la terre et du sable,
du varech (ou goëmon) frais, du fumier, des coquillages, etc. On mouille le tas de temps en temps
avec de l'eau salée, on remue cinq ou six fois pendant
l'année jusqu'à ce que tout le mélange pourri res-
semble à de la cendre. Cet engrais vaut mieux encore

que l'engrais de mer. On en emploie cent hectolitres par hectare. C'est une énorme quantité qu'on pourrait réduire de moitié en la mangeant avec un peu de fumier d'étable.

PLATRE. L'usage du plâtre en agriculture ne paraît pas remonter au delà du milieu du siècle dernier.

Mais à partir de cette époque, son usage s'est étendu rapidement en Allemagne, puis en France et en Angleterre. Aux États-Unis d'Amérique on commença par se moquer du célèbre Franklin lorsqu'il voulût introduire l'usage de semer le plâtre sur les plantes fourragères. Celui-ci prouva d'une manière irrésistible qu'il avait raison d'en conseiller l'emploi. Il choisit un champ de trèfle aux portes de la ville de Washington placé de telle sorte que sa surface fut bien nettement visible à tous les yeux ; il sema du plâtre sur cette luzerne, mais en formant sur le terrain avec le plâtre la trace de ces mots : CECI A ÉTÉ PLATRÉ. Au bout de quelques jours le trèfle devint plus vigoureux sous les traces du plâtre ; il devint plus haut et d'une couleur plus foncée, de sorte que tous les ennemis de cette mesure ne pouvaient s'empêcher malgré eux de lire leur condamnation dans ces mots : CECI A ÉTÉ PLATRÉ. La justification de Franklin était sans réplique.

Le plâtre semé sur les légumineuses cultivées comme fourrage, double quelquefois les produits quand on attend que l'herbe ait déjà 15 centimètres de tige. Semé au mois d'août sur du trèfle de l'année après la récolte de la céréale qui le protégeait, il fait produire une coupe déjà très bonne au mois d'octobre. Mais il produit son plus grand effet au printemps.

Le plâtre se répand à la volée le soir ou le matin, par un temps calme, à la rosée ou après un petite pluie ; car il est utile que la poussière s'attache aux feuilles, attendu que c'est sur cet organe que le plâtre produit le plus d'effet.

Quelques expériences paraissent prouver que le plâtre semé en même temps que la graine de trèfle et de luzerne produit encore beaucoup d'effet, mais on ne le sème pas habituellement ainsi. C'est l'amendement qu'on sème à plus petite dose ; il doit être employé en volume à peu près égal à la semence.

Il paraît d'après les expériences de M. Soquet, que les racines d'un trèfle plâtré pèsent un tiers de plus que s'il ne l'avait pas été. Comme ces racines restent en terre et forment engrais pour le froment qui suit ordinairement le trèfle, ce froment doit être beaucoup plus fort, puisqu'il est mieux fumé.

Le plâtre si efficace sur les feuilles et les racines ne l'est pas moins sur les graines des légumineuses. Mais il rend ces graines dures à la cuisson, inconvénient souvent très grave.

Le plâtre doit être employé en plus grande quantité sur les terres argilo-siliceuses que sur les terres calcaires. Il y a même des terres déjà gypseuses où il ne produit aucune espèce d'effet ; les terres qui ont été trop plâtrées sont dans le même cas.

Il est probable que le plâtre n'a d'action qu'autant qu'il est dissous sur les feuilles par la rosée. Or cet effet se produit d'autant mieux que le plâtre se divise mieux. Aussi le plâtre natif (sulfate de chaux au hydre ou sans eau) qui ne peut être ni cuit, ni gâché, n'est d'aucune utilité ; le plâtre brûlé ou calciné, celui qui est trop cuit pour bien se gâcher est dans le même cas ; le plâtre cru qui ne se gonfle pas dans l'eau ne produit non plus aucun effet. Le bon plâtre bien cuit à une température bien inférieure au rouge naissant gâché avec son volume d'eau se prend en masse au bout de 10 minutes. On délaie alors la masse avec un nouveau volume d'eau ; on ajoute successivement un troisième, un quatrième et jusqu'à un sixième volume d'eau ; après ce mélange la masse peut encore acquérir une faible consistance ; ce plâtre-là passe pour excellent dans les constructions ; mais suivant M. Payen ce n'est pas le meilleur en agriculture. C'est probablement cette différence qui a induit en erreur les hommes fort instruits d'ailleurs et les a forcés à méconnaître les avantages du plâtre. En effet, le plâtre qui exige le moins d'eau pour se gâcher et dont les particules se trouvent scellées par cette première prise d'eau, n'est pas susceptible d'une division aussi grande que ceux qui exigent une grande quantité d'eau pour se gâcher d'abord, et qui peuvent à peine former une masse liée lorsqu'on ajoute une pareille quantité d'eau. Ces plâtres sont peu solides pour les constructions, c'est vrai, mais l'eau les divise mieux, ils sont meilleurs pour l'agriculture. Les gypses lamelleux, fibreux ou agrains très fins te fourniront d'excellent plâtre pour les terres. L'auteur que nous citons porte à 250 k. par hectare le plâtre de cette qualité.

PLATRAS DE DÉMOLITIONS. Dans les terres calcaires ou sableuses, les débris de démolition sont plus nuisibles qu'utiles ; mais dans les terres argileuses, ils produisent un effet très marqué qu'on sait bien apprécier dans quelques départemens. Ils agissent principalement en divisant les terres fortes et livrant accès à l'air ; mais on ne peut douter qu'ils n'agissent aussi en vertu des sels stimulans qu'ils contiennent et qui sont utilisés pour la végétation. Dans le département de l'Ain, on emploie deux cents hectolitres de plâtras par hectare, et l'on estime qu'ils équivalent pour l'amendement de la terre, à quarante hectolitres de chaux.

Il paraît bien constaté que l'effet des plâtras est très avantageux et de longue durée ; mais pour réussir, il faut qu'ils soient étendus par un temps sec ; ils influent plus sur le grain que sur la paille et réussissent également sur les prairies, soit qu'on les épande avant ou après l'hiver.

DES AUTRES SUBSTANCES SALINES. Toutes les substances salines qui ont la chaux, la potasse ou la soude pour base agissent plus ou moins à la manière des sels dont nous avons parlé jusqu'ici ; ce serait nous exposer à des redites perpétuelles que de les signaler. Nous ne pourrions le faire d'ailleurs sans parler des discussions et des expériences contradictoires auxquelles leur usage a donné lieu jusqu'ici. Les substances les plus employées, sont, les chlorures de chaux et de potasse, le sulfate de soude, le salpêtre, les sels ammoniacaux résultant de la purification du gaz.

Les contradictions qui existent dans les résultats nous paraissent dues au petit nombre d'expériences qu'on a faites jusqu'ici, au vague des documens d'après lesquels les agriculteurs ont pu opérer.

Il est certain que dans des circonstances qui ne peuvent pas être formulées d'une manière bien exacte, et suivant des proportions variables, tous ces sels sans exception ont produit des effets très avantageux, mais comme j'ai à cœur de ne rien dire qui puisse t'induire en erreur, je dois t'engager à ne procéder d'abord que par essais en petit, si tu peux avoir à ta disposition quelqu'une des substances dont je viens de te parler. Il faut d'abord essayer les proportions moyennes des sels analogues pour lesquels je suis entré dans quelques détails, c'est surtout le plâtre qu'il faut prendre pour modèle.

CHAPITRE IV.

—

DES ENGRAIS ANIMAUX.

Les substances les plus propres à servir d'engrais, celles qui renferment essentiellement tous les principes utiles à la végétation, celles sans lesquelles on ne peut espérer de produit, celles enfin dont les sels et les amendemens que nous avons étudiés jusqu'ici, ne peuvent que stimuler l'action sans jamais les remplacer, ce sont les substances organiques.

Or de tous les composés organiques, ce sont les matières animales qui remplissent le plus parfaitement le but utile que les engrais doivent produire.

Tout ce que je t'ai dit dans le deuxième chapitre de cette seconde partie sur la manière dont les plantes se nourrissent, me dispense d'entrer dans aucune autre considération scientifique ; je n'ai plus qu'à énumérer les différentes matières extraites du règne animal qu'on emploie ou qu'on peut employer comme engrais.

ARTICLE 1er. — *De la poudrette.*

Les vidanges des latrines ont été reconnues depuis bien des siècles comme devant former un excellent engrais : car elles abondent en substances organiques et sont par conséquent charbonneuses ; de plus elles sont par la facilité avec laquelle elles se décomposent très propres à fournir les diverses espèces de terreau dont nous avons parlé.

L'emploi de ces matières qui exhalent une quantité prodigieuse de gaz ammoniacaux est tellement dégoûtant, elles communiquent d'ailleurs si souvent aux plantes et à leurs fruits une partie de leur odeur, quand les molécules se sont trouvées entraînées dans les organes des plantes sans être décomposées, que l'agriculture a reculé souvent devant une manipulation trop désagréable. Cependant comme elle a grand besoin d'engrais, il a fallu qu'elle trouvât le moyen de tirer parti de ceux-ci, sans s'exposer à tant d'in-convéniens.

C'est alors qu'on a inventé la *poudrette*.

La poudrette n'est autre chose que ces mêmes matières des latrines recueillies par les vidangeurs dans les grandes villes, portée dans des bassins très peu profonds, au nombre de quatre ou cinq, dispo-sés en étage l'un au dessus de l'autre. Le bassin le plus élevé reçoit le tribut de chaque voyage, et lors-qu'il est plein, on ouvre une vanne qui fait tomber dans le bassin inférieur la partie surnageante ou la plus liquide. Pareil travail s'opère dans le second bassin lorsque celui-ci est rempli et ainsi de suite, jusqu'à ce que le dernier bassin jette les eaux surna-geantes dans un puisard, un cours d'eau ou un con-duit quelconque.

La matière solide restée dans les bassins et égout-tée, est long-temps pâteuse ; des hommes accoutu-més à ne se rebuter de rien la divisent avec des lou-chets et des pelles ; ils l'étendent sur une chaussée bombée et la remuent aussi fréquemment qu'il le faut pour opérer une dessiccation complète. Alors le ré-sidu peut être réduit en une poudre brunâtre peu odorante qui est un excellent engrais.

La poudrette n'offre d'ailleurs aucun inconvénient pour son emploi. Si tu sèmes en lignes des plantes sarclées, tu peux mêler ta graine et la poudrette dans le semoir ; tu seras sûr alors que l'engrais s'appliquera au point précis où il sera nécessaire. Si tu as des terres dont l'accès soit difficile à cause du mauvais état des chemins, il sera plus commode pour toi d'y faire porter de la poudrette que du fumier, qui pour un effet égal exige une bien plus grande masse, et par conséquent, une bien plus grande dépense pour les charrois. Vingt hectolitres de poudrette suffisent pour un hectare.

Ne te fie pas néanmoins toujours à l'emploi de la poudrette. Tu ne pourras guère t'en procurer qu'à peu de distances des grande villes ; et souvent elle communiquera du goût ou de l'odeur aux plantes qui croissent vite et absorbent par leurs feuilles une grande quantité de gaz.

L'ignoble et dégoûtante manipulation des matières qu'on veut convertir en poudrette aurait dû faire chercher depuis long-temps le moyen de les utiliser sans cela ; ce n'est pourtant que de nos jours qu'on y a réussi, lorsque l'on eut bien connu les propriétés désinfectantes du charbon. C'est à un chi-

miste français, que cette industrie doit les importantes améliorations qui métamorphosent complètement ses procédés. M. Salmon a imaginé de calciner
la boue ou vase des rivières pour en faire un charbon
poreux et désinfectant : il fait jeter cette poudre
charbonneuse dans les fosses, et la fait mêler exacte-
ment avec les matières qui n'exhalent plus aucune
odeur. L'insouciance des vidangeurs a lutté tant
qu'elle a pu contre cette importante découverte ;
ceux-ci ont même crié de tous leurs poumons contre
l'inventeur qui ruinait, disaient-ils, leur métier, en
le rendant accessible à tous les ouvriers.

---

* L'Académie ayant commis M. Darcel pour vérifier le procédé Salmon, celui-ci après avoir assisté au curage d'une fosse
prit avec lui un échantillon de la matière désinfectée, il le fit
circuler le soir dans son salon au milieu d'une nombreuse compagnie comme je ne sais quel minerai ; puis ayant discuté long-
temps sur le mérite de l'invention Salmon, il finit par convaincre tous les incrédules en leur avouant que le prétendu minerai,
qu'il avait osé faire circuler dans un compotier de porcelaine en
aussi bonne compagnie n'était pas digne à coup sûr d'un tel
honneur, mais que tout indigne qu'il en était, il n'en prouvait
pas moins le mérite de l'invention. *Entretiens sur la chimie,*
par le même auteur.

La poudrette désinfectée ou charbonneuse prend dans le commerce le nom de noir animalisé. Ell est bien supérieure à la poudrette sous tous les rapports ; car aux propriétés de la matière animale elle joint les avantages des engrais charbonneux dont nous allons parler.

ARTICLE 2. — *Du noir animal.*

C'est depuis 1822 seulement qu'on s'avisa d'employer comme engrais le charbon animal qui avait servi à clarifier les sirops * dans les raffineries de sucre. M. Payen qui avait fait la découverte constata bientôt que 15 parties de sang coagulé qui se trouvaient retenues par ce charbon produisaient

---

* Lorsqu'on raffine le sucre, on le fait chauffer avec du sang de bœuf qui précipite les matières en suspension dans le sirop ; puis on filtre ce sirop sur du charbon animal résultat de la calcination des os en vases clos. Le sang et la matière colorante reste entre les pores du charbon, le sirop passe clair et limpide. C'est ce charbon d'os chargé de matière animale qui sert d'engrais.

plus d'effet comme engrais que quatre cents parties de sang liquide représentant en sang bien sec le quart seulement de son poids. Cette découverte fut habilement étudiée par M. Payen, et il en résulta que le meilleur engrais est ce même noir qui n'est connu que depuis 20 ans.

Il est important d'examiner attentivement l'action de cet engrais; car la réussite est le principe d'un nouvel ordre de choses qui peut faire changer l'agriculture de face.

Lorsque tu confies un engrais à la terre, s'il est déjà consommé, décomposé, il est certain que tous les gaz qui se sont échappés jusques là sont perdus pour la végétation; il est certain que l'influence électrique qui a pu se développer s'est développé en pure perte; or, nous avons vu l'importance de tout cela. Ne serait-il pas bien utile de mêler en ce cas aux engrais un corps qui retarderait la fermentation, qui la proportionnerait au développement des plantes, et qui garderait en réserve les gaz développés en excès.

Or ce sont là quelques-uns des avantages que personne ne conteste plus au *noir animal*.

Les chimistes savent que le charbon retient vo-

lontiers entre ses pores une énorme quantité de gaz;
ils savent que la chaleur lui fait perdre ces gaz; ils
savent encore que le charbon est le corps qui absorbe le mieux la chaleur ; ne fut-ce qu'à cause de
sa couleur noire : en voilà assez. Qu'une matière
organique se trouve seule elle fermentera ; la corruption engendrera une corruption plus grande ; mais
qu'elle se trouve mêlée au charbon, les gaz formés
seront absorbés à fur et mesure; la fermentation
continuera lentement et sans excès ; si des gaz su-
perflus sont formés ils seront retenus entre les pores
du charbon. C'est ce qui arrive avec le noir qui contient un peu de matière animale; il ménage la décomposition de cette matière avec une telle réserve
qu'il en résulte une économie extraordinaire.

Nul doute donc que le noir animal ne soit un excellent engrais, d'autant plus que la propriété qu'il
a d'absorber les rayons du soleil, lui permet de
s'échauffer à mesure que la saison s'avance. Cet
avantage est très important, car il assure aux plantes une nourriture toujours proportionnée à leurs
besoins. Il est impossible de régler la fermentation
de l'engrais ordinaire; avec le noir nous sommes
sûrs qu'il se dégagera d'autant plus de gaz que la

saison sera plus chaude et par conséquent que la plante prendra plus d'accroissement.

Cette espèce d'engrais a eu tout d'abord des détracteurs; ainsi des essais ont été faits et n'ont pas réussi. — C'est encore à M. Payen que nous devons l'explication de cette anomalie. Nous savons déjà que ce qui est utile aux plantes, ce sont des réactions alcalines, des gaz alcalins; or il s'est trouvé des fabricans de sucre qui ont livré aux cultivateurs des noirs mal lavés qui contenaient encore du sucre altéré. Quelle influence devait avoir ce reste de sucre? une très facheuse assurément; car le sucre qui fermente produit de l'esprit de vin; l'esprit de vin se décomposant à son tour produit de *l'acide acétique*; ce n'est qu'après ces deux périodes que la fermentation putride commence à s'établir. S'il te souvient maintenant que les réactions acides sont nuisibles aux plantes, tu comprends facilement que le noir d'engrais doit être parfaitement débarrassé de cette matière. Il est vrai que si la terre est suffisamment calcaire, l'effet de l'acide est annulé et l'engrais se borne à ne produire aucun effet; mais dans le cas contraire, le sucre doit être nuisible.

L'intérêt du fabricant de sucre doit rassurer le

cultivateur qui achette des noirs. Il est rare que les résidus qu'on lui vend en contiennent encore la moindre parcelle ; car ces résidus sont parfaitement lavés et le sucre est très soluble. Seulement dans le cas où une cuite aurait manqué, il aurait pu rester dans le filtre une petite quantité de sucre altéré qui produirait un mauvais effet, si on ne le laissait fermenter un peu.

Quoi qu'il en soit, le commerce des noirs de raffinerie paraît s'être concentré jusqu'ici dans la Bretagne; il est vrai que le grand nombre des raffineries de Nantes, l'a rendu plus important dans ce pays, et qu'il n'y a pas de sol auquel cet engrais convienne mieux que la terre froide et granitique de ce pays, qui plus que tous les autres manquait d'engrais. Aussi des terres qui restaient en jachère une ou deux années sur trois, sont elles cultivées tous les ans, grâce à l'emploi du noir qui supplée merveilleusement à l'insuffisance des fumiers.

La faveur dont jouit aujourd'hui cet engrais l'élève à un prix qui ne permet guères de le transporter au loin, aussi il est difficile de s'en procurer ailleurs que sur les lieux mêmes où la vogue l'a placé d'abord. Nantes fait venir de Bordeaux, de

5*

Marseille, d'Anvers, de Hambourg, plus de cent mille hectolitres de noir d'engrais résidu de raffineries; il en vient également de Suède et d'Angleterre, sans compter tout ce qui se fabrique dans ses murs et ce qui lui arrive par l'Erdre, la Sèvre et la Haute-Loire. On ne sait véritablement comment il se fait que les résidus de raffineries ne se consomment pas en engrais sur les lieux mêmes de production; on en est réduit à dire (et c'est fâcheux) que pour triompher de la malheureuse routine des cultivateurs, il faudrait le donner presque pour rien d'abord dans les pays où il n'est pas encore connu, tandis qu'il se vend à des prix exagérés dans les lieux où on l'apprécie mieux et qui s'empressent de payer largement la différence du prix de transport.

Cependant, de proche en proche, l'emploi des

---

* Le noir résidu de raffinerie qui ne valait rien et était jeté aux décharges publiques il y a vingt ans, vaut maintenant cinq francs l'hectolitre dans les lieux où il a le moins de vogue. A Nantes il vaut 12 fr., et son prix devra augmenter encore, car les fabricans qui le falsifient pour baisser les prix finiront par noirs deviendra plus populaire car ses bienfaits ne sont ni contestables ni contestés.

Un fait s'oppose à la propagation du noir animal : sa rareté dans le commerce. Les os avec lesquels on le fabrique sont rares ; non pas qu'ils manquent absolument ; au contraire on les perd dans beaucoup d'endroits, quoique la tabletterie et la coutellerie en emploient un bon nombre. Mais la production du noir d'os est grévée de frais qui en élève considérablement le prix. Il faut des fours bien construits, une dépense de combustible considérable, des marmites ou des cylindres en fonte faits avec soin et s'usant promptement pour carboniser les os ; la manipulation est longue ; on doit remplir d'abord les marmites, les ranger dans le four, chauffer pendant dix heures après avoir muré la porte, laisser refroidir pendant un temps aussi long, puis attendre encore dix autres heures après

---

être forcés de le vendre de bonne qualité quand le commerce pourra choisir, et le commerce alors plus éclairé paiera autant que l'équivalent en fumier ; il gagnera encore les cinq sixièmes au moins de transport des frais.

avoir retiré les marmites du foyer; faire triturer ensuite le charbon en poussière impalpable; bluter ou tamiser à différentes reprises, recuire ce qui ne serait carbonisé qu'imparfaitement, voici des travaux qui empêcheront longtemps que le commerce ne paie les os à un prix assez fort pour engager les consommateurs à ne pas les laisser perdre. Cependant on en viendra là quand les engrais charbonneux seront plus connus. Ils sont si légers à transporter, si commodes à employer, si puissans pour féconder la terre qu'ils ont nécessairement une valeur réelle bien supérieure à leur prix actuel.

Je ne crois pourtant pas que les engrais charbonneux dispensent le cultivateur intelligent d'avoir des bestiaux; mais quel est le cultivateur qui puisse se vanter d'avoir assez de bestiaux pour fumer comme il le voudrait toutes ses terres? Et d'ailleurs les bestiaux sont si chers, leur éducation est si chanceuse, les bénéfices qu'on en retire sont si minimes, il faut tant de terrain pour les nourrir, qu'à moins de se trouver dans des circonstences particulières, chacun a toujours beaucoup moins qu'il ne lui en faudrait.

Le noir animal n'est donc pas un concurrent, c'est un auxiliaire puissant aux fumiers.

Le commerce sentant l'insuffisance des engrais charbonneux a voulu les multiplier par des moyens plus ou moins bons. Il a d'abord ajouté au noir chargé de matière animale, du noir en grains qui avait servi à filtrer les sirops sans qu'on eut mêlé précédemment du sang. Il y a là une véritable falsification; car pour obtenir l'effet qu'on en attend il faut que le charbon soit chargé plus ou moins d'une matière animale *décomposable*, et les os fortement calcinés n'en contiennent plus.

On a fait pis : on a employé du poussier de houille, des fraziers de forge pour mêler au noir de raffinerie ; on a tamisé de la tourbe, de la terre de bruyère, de la terre noire de Picardie pour faire ces sortes de mélanges véritablement frauduleux.

Il est vrai que toutes les manipulations nantaises des matières dont nous venons de parler, ne peuvent pas être considérées comme des falsifications, plusieurs ont une valeur réelle comme engrais. Ainsi, on s'est servi de cendre et de poussier de charbon comme de récipient pour donner un corps à des *bouillons* formés de chair et de débris animaux cuits à haute pression. Ce sont là des engrais stimulans par eux-mêmes qui ont (imparfaitement, il est vrai), propriétés absorbantes du noir animal, et qui sont propres à recevoir les engrais nourrissans auxquels on les mêle. Les cendres bien animalisées sont un bon engrais.

On fait subir à la tourbe abondante en Bretagne une autre préparation. On la tamise grossièrement et on la mêle avec une quantité plus ou moins grande de poudrette. La tourbe composée de débris de végétaux dont la décomposition était arrêtée recommence à subir une nouvelle fermentation ; on arrose avec de l'eau, de l'urine, etc., ou bien on remue les tas à la pelle suivant que la fermentation est trop prompte ou trop lente. Lorsqu'on juge le travail intime suffisamment avancé, on mêle cette composition à une quantité convenable de noir, ou même on la livre au commerce sans y mêler de noir ; mais dans ce cas l'odeur du composé est très mauvaise ou la proportion de poudrette était trop faible pour déterminer la fermentation de la tourbe.

Une question que tu as dû te faire tout d'abord lorsque je t'ai parlé des engrais charbonneux, est celle-ci : Tous les charbons sont ils également propres à servir d'engrais ? Non certainement ; tous les charbons sont poreux, mais à des degrés bien différens :

ainsi le plus mauvais charbon qui puisse servir de récipient aux matières animales, c'est le charbon de terre, lourd et compact ; puis vient le charbon de bois ; le charbon animal est le plus parfait, et de tous les charbons animaux, c'est le charbon d'os qui mérite la préférence.

En général, les charbons dont les molécules sont brillantes, sont peu absorbans, car ils sont dans un état de division peu convenable et la propriété d'absorption paraît résulter de l'isolement des molécules qui attirent par toutes leurs faces et retiennent les molécules de gaz. Les os sont éminemment propres à fournir du charbon très poreux, car ils sont composés d'une grande quantité de phosphate de chaux comme tu peux t'en assurer en brûlant un os à l'air libre. L'os conservera sa forme et un poids assez considérable ; tu verras seulement une multitude de petits trous qui renfermaient les matières graisseuses et gélatineuses, chassées par la chaleur.

Ce phosphate de chaux est loin d'être inutile à l'action fécondante de l'engrais, car outre ses propriétés absorbantes particulières qu'il partage du reste avec tous les corps calcinés, il agit comme calcaire suivant ce que nous avons dit précédemment,

et forme tout à la fois amendement et engrais avec
cette particularité que l'engrais et l'amendement se
trouvant unis, on est sûr que celui-ci est appliqué
au point précis ou celui-là en a besoin.

Je ne reviens pas sur la conductibilité électrique
des sels neutres ou des sous-sels ; il est probable que
le phosphate de chaux ne jouit pas de cette propriété
à un degré inférieur aux meilleurs sels de chaux dont
j'ai parlé plus haut.

---

* J'avoue que je comprends peu la division en plusieurs camps
des fabricans nantais. Il en est qui attribuent aux matières animales exclusivement l'action de cet engrais ; d'autres attribuent
cet effet au carbone seul ; il en existe enfin qui ne veulent voir
dans le noir que le phosphate de chaux. Le premier champion
de ce camp, chimiste vérificateur des engrais de la Loire-Infé-
rieure, membre de je ne sais combien de sociétés savantes est
auteur d'un *incroyable* manuel du fabricant d'engrais, qui renferme sur toute la question des engrais des erreurs graves. *Il
fuut*, dit M. Bertin, *attribuer aux sels de chaux contenus
dans le charbon d'os cette puissance d'action si matérielle-
ment démontrée.* Plus loin il ajoute : *Je ne crains pas de le
dire hautement ici*, non, *ce n'est pas le sang ;* non, *ce n'est
pas le principe sucré ;* non, *ce n'est pas l'azote ;* non, *ce
n'est pas le carbone quelque divisé qu'il soit* qui communique

Il est donc certain qu'à cause de la *porosité* de leurs molécules, les charbons animaux l'emportent sur les charbons végétaux qui désinfectent et décolorent *dix fois moins* environ. C'est donc vers la fabrication des charbons très poreux que l'industrie devait tourner tous ses efforts.

On a essayé à Nantes il y a quelques années de fa-

---

au *charbon d'os résidu de raffinerie ses propriétés végétatives si incontestablement reconnues.*

Je suis désolé de n'être nullement de l'avis de M. Bertin qui doit à d'autres titres qu'à celui d'auteur du *Manuel* la fonction de *chimiste-vérificateur* des engrais. Si le lecteur a suivi nos raisonnemens jusqu'ici il dira sans doute avec nous :

Oui, c'est le sang qui agit dans le charbon d'os, par la fermentation lente et alcaline qu'il produit, et les réactions électriques qu'il détermine, et les gaz qu'il fournit;

Oui, c'est l'azote qui agit, en contribuant à la formation de l'ammoniaque, alcali puissant, sans lequel il ne se produirait que des acides, et spécialement *l'acide sulfhydrique*, dont la formation est si nuisible aux plantes;

Oui, c'est le carbone qui agit parce qu'il retient sur toutes les faces de chaque molécule et qu'il y conduit une énorme quantité de gaz qui seraient perdus pour la végétation;

C'est en outre *le phosphate et le carbonate de chaux qui*

briquer du noir d'engrais avec les débris de *vieux cuirs carbonisés*. Personne ne doute que le cuir ne soit capable de faire un excellent engrais ; on se sert même en quelques endroits de rognures non carbonisées qui font sentir long-temps à la terre leur influence et lui communiquent un degré merveilleux de fertilité lorsqu'on veut bien attendre patiem

---

agissent mécaniquement, chimiquement et électriquement, soit en divisant et isolant les molécules de charbon, soit en remplissant les fonctions que nous avons attribuées aux sels calcaires, soit en servant de conducteurs aux infiniment petits courans électriques qui entretiennent la vie et l'action des racines.

Nous sommes forcés, à cause des titres mêmes que l'auteur ajoute à son nom, de prévenir nos lecteurs contre les opinions de M. Bertin, ou plutôt celles du livre qu'il a bien voulu signer, car nous ne pouvons croire qu'un homme aussi bien placé dans plusieurs corps savans, soit l'auteur d'un ouvrage que nous sommes forcés de juger sévèrement.

Du reste, nous ne nous permettrons qu'une seule question à M. le chimiste-vérificateur, la voici : S'il est vrai que les sels de chaux forment un engrais puissant et le seul engrais contenu dans les os, comment se fait-il que les noirs ne soient utiles comme engrais qu'après avoir servi aux raffineries de sucre, ou après avoir été animalisés ?

ment leur décomposition. Mais la tenacité de ces matières a toujours empêché qu'on ne s'en servît beaucoup à l'état naturel.

La carbonisation de ces matières devait offrir un avantage à l'agriculture. En les divisant, on voulut en profiter, mais les premières expériences ne parurent pas devoir réussir; le cuir se réduisait en cendres et ne laissait pas de noir. La raison en est assez simple : le cuir est un corps très poreux , car pendant la vie de l'animal qui l'a fourni, il a été constamment traversé par la sueur et par les sucs qui distribuaient la nourriture aux parties externes. On le jetait sans doute pêle mêle dans des carbonisateurs qui contenaient de l'air et qui ne fermaient pas suffisamment. Le charbon devait se consumer et ne laisser qu'un peu de cendre.

Un bourrelier de Nantes prit il y a un ou deux ans un brevet d'invention pour la carbonisation des vieux cuirs. L'appareil qu'il employait était fort imparfait; mais il carbonisa sans réduire en cendres, c'était déjà mieux. Des causes étrangères au mérite du procédé n'ont pas permis de donner suite à l'exploitation du brevet qui d'ailleurs parait être tombé aujourd'hui dans le domaine public, puisque des essais ont été faits il y a dix ans environ pour la même chose. * C'est d'ailleurs un tort à mon avis que de carboniser le cuir comme on l'a fait jusqu'ici; le cuir n'a pas besoin d'être complètement réduit en charbon pour pouvoir être divisé et c'est la division seule qu'on doit chercher dans cette matière puisqu'elle constitue par elle-même un excellent engrais. *

---

* Il ne s'agissait pas de se faire breveter pour la carbonisation des matières, mais pour des procédés qui empêchassent le charbon produit de se réduire en cendres : c'était là le but que devait avoir le brevet; c'est ce dont l'inventeur ne paraît pas s'être occupé.

* On est porté tout d'abord à ne pas considérer les vieux cuirs comme une matière première fort considérable; néanmoins à la réflexion, elle acquiert une grande importance. Ainsi, il est certain qu'il se consomme en France chaque année au moins cinquante millions de kilos de cuir; ces cuirs se détériorent beaucoup, mais leur masse reste à peu près la même et les débris, rognures ou déchets des cordonniers, selliers, carossiers, mégissiers, gantiers viennent y ajouter beaucoup. En attendant qu'on ne puisse utiliser qu'une très petite partie des cuirs consommés chaque année, il est très probable qu'on pourrait fournir en moyenne à l'agriculture de chaque département 15 mille

Cette dernière réflexion n'est pas seulement applicable au cuir, elle est applicable à toutes les substances animales. Les os que nous avons vus employer comme noir d'engrais peuvent être utilisés à l'état naturel. On les réduit en poudre grossière en les concassant entre deux cylindres cannelés ou broyés à la manière des tuiles dont on fait le ciment. En France le département du Puy-de-Dôme se sert beaucoup d'os concassés comme engrais ; mais en Allemagne la fumure des terres au moyen des os est beaucoup plus répandue ; les Anglais tirent de Russie et des Indes des chargemens considérables de cette matière outre la grande quantité qui se produit chez eux, puisqu'ils mangent plus de viande que les autres peuples de l'Europe.

Le meilleur moyen de concasser les os est de les faire sécher au four après la cuisson du pain, si

hectolitres de noir en y ajoutant des mélanges animalisés convenables. — Des chimistes s'occupent de développer les résultats pratiques de ces idées et nous ne doutons pas que d'ici à quelques années la France ne soit abondamment fournie d'engrais pulvérulens.

6

l'on ne craint pas les résultats de l'odeur qu'ils peuvent y laisser. Les os concassés s'emploient dans la proportion de vingt hectolitres par hectare ; leur effet est peu sensible d'abord, parce que leur décomposition est très lente ; mais il dure dix ans et plus. Il est variable dans tous les cas suivant que les os ont été ou non employés à la fabrication de la gélatine, ou plus ou moins privés par la cuisson d'une matière grasse qui englue quelquefois le réseau et empêche la décomposition. Les os qui proviennent des fabriques de colle ou de gélatine sont généralement fort pauvres.

ARTICLE 3. — *Des diverses autres matières animales qui peuvent servir d'engrais.*

La répugnance qu'on éprouve pour les animaux morts empêche souvent le cultivateur de tirer parti de la dépouille des animaux ; il n'y a pourtant pas un atome de cette dépouille qui ne puisse servir utilement comme engrais. Nous n'avons qu'une seule exception à cette loi générale, et encore, n'en est-ce pas une. La graisse et le suif paraissent d'abord nuisibles à la végétation, ce qui ne t'étonnera nullement quand tu sauras que sa première décomposition donne lieu à la formation de plusieurs acides* dont l'effet si tu te rappelles ce que je t'ai dit, ne peut qu'être nuisible. C'est la seconde période seule de la décomposition qui donne naissance aux réactions alcalines utiles.

Mais toutes les autres matières donnent immédiatement des résultats avantageux, et leurs résultats sont plus ou moins prompts suivant la marche de la décomposition.

Les *sabots, onglons, ergots, cornes*, ainsi que les tendons seraient un des plus riches engrais si la difficulté de les broyer n'en limitait beaucoup l'utilité. On ne peut guère employer que les rognures et les râpures dont les tablettiers ne peuvent faire aucun usage. Les *cuirs*, les *plumes*, les *poils,* la *bourre* de *laine* et de *soie* et tous les déchets de cette nature ne doivent pas être perdus, ils sont dans des conditions très favorables pour être utilisés par le cultivateur soigneux.

---

* Acides stéarique, margarique et oléique.

Enfin le *sang* et l'*urine* des animaux sont d'une très haute utilité quoiqu'on les perde encore dans la plus grande partie de la France: c'est aux urines liquides mêlées de matières fécales qu'est dûe la fécondité des champs de la Flandre. On a beaucoup écrit sur la manière de répandre l'engrais flamand; la méthode qui me paraît la meilleure pour l'urine comme pour le sang, c'est de pétrir avec ces liquides de la terre calcinée au four ou en plein air, et de la répandre ensuite sur le champ qu'on veut fumer. On a par ce moyen l'avantage de posséder un engrais plus portatif et plus durable.

CHAPITRE V.

—

DES ENGRAIS VÉGÉTAUX OU MIXTES.

Toutes les fois qu'il est possible d'établir une fermentation organique dont les produits ne sont pas
acides, il est certain que cette fermentation donnera
naissance à des engrais excellens : ceci résulte évidemment de tout ce que j'ai dit jusqu'ici. Je n'ai
donc plus dans ce chapitre comme dans le précédent,
qu'à énoncer les faits pour te les rendre familiers.

Ce qui fermente le plus facilement dans les végétaux, ce sont les parties vertes ; ce sont aussi ces
parties qui sont les plus propres à être utilisées
comme engrais. Dans un grand nombre de contrées
on enfouit les récoltes avant qu'elles soient en graine
pour engraisser la terre.

La pratique qui consiste à ne faucher que deux coupes de trèfle pour enterrer la dernière au moment de la fleur t'est familière sans doute ; en cet état, le trèfle rend beaucoup plus à la terre qu'il n'a reçu, puisqu'il a tiré presque toute sa nourriture de l'air par ses feuilles.

Suivant les cas, les haricots, les fèves, le sarra-zin, les navets et beaucoup d'autres plantes qui croissent vite sont employées dans le même but. Une récolte de colza est-elle terminée par exemple, on sème du sarrazin, uniquement pour l'enfouir en vert à l'automne, et l'on trouve ainsi sans transport et sans main d'œuvre un engrais très utile.

D'après Sutières, le meilleur engrais vert serait la fève ; c'est à l'enfouissement du seigle en fleur, que les habitans du Boulonnais doivent leurs beaux chanvres ; enfin ces sortes d'engrais étaient parfai-tement connus des Grecs et des Romains ; aussi est-il vrai de dire qu'ils conviennent mieux aux pays chauds, parce que dans ces contrées la végétation est beaucoup plus rapide.

Lorsqu'on a besoin d'engrais qui se décomposent lentement, lorsqu'on opère sur des terrains hu-mides, on se sert de mousse, de bruyères, fougères, ajoncs ou de tiges et de feuilles desséchées qui se décomposent plus lentement et plus avantageusement que les tiges vertes.

Le progrès le plus important qui ait été fait dans ces derniers temps relativement au genre d'engrais dont nous parlons, c'est celui qui est dû à *Jauffret*.

Ce bon paysan de la Provence avait étudié pendant quarante ans la question des engrais ; il avait gémi comme tous les cultivateurs sur le peu de ressources que procurent les fumiers à l'agriculture ; il voulut suppléer à leur insuffisance, et il réussit parfaitement. Toutefois le malheureux vieillard fut méconnu ; on l'accusa d'avoir voulu duper les cultivateurs ; on lui contesta la priorité de son invention ; on dirigea contre lui des critiques amères ; le pauvre Jauffret mourut de chagrin, il y a peu d'années. Mais de nobles ames ont résolu de le venger ; le système Jauffret se propage, l'engrais qu'il a créé se popularise, grâce aux acquéreurs de son brevet. * Voici ce que nous pouvons en dire.

---

* L'un des acquéreurs du brevet Jauffret, M. Turrel publie tous les trois mois un journal des engrais sous le titre du *Véri-*

On ramasse partout ou l'on peut s'en procurer,
de l'herbe, de la paille, des genêts, des bruyères,
des ajoncs, des roseaux, de menues branches d'arbres, etc. On entasse tout cela en une meule aussi
forte qu'on peut la faire et qu'on a soin de placer à
proximité d'un courant ou d'un réservoir d'eau. On
a d'autre part un bassin ou une mare dans laquelle
on jette pour en faire croupir l'eau, du crottin, des
matières fécales, des égoûts des fumiers d'étables ;
tout cela forme un excellent levain ; on y ajoute des
proportions suffisantes d'alcalis ou de sels alcalins,
et l'on arrose fortement la meule avec cette lessive.
On recommence au bout de quelques jours ; il y a
rarement besoin d'un troisième arrosage. Au bout
d'une quinzaine de jours on obtient une meule de

---

table *Assureur des Récoltes*. (Rue Montorgueil, 53, Paris.)
Ce journal est constamment rempli de faits curieux, et prouve
dans son auteur un dévouement qui lui fait honneur, à la mémoire du bon Jauffret.

La méthode de l'engrais Jauffret est la propriété de sa famille.
C'est un devoir pour nous de ne pas trahir un secret qui est
toute sa fortune ; on peut acheter ce secret à l'adresse indiquée
ci-dessus et se servir des procédés moyennant un faible droit.

fumier très propre à être employé immédiatement.
Si la place où l'on opère est bien disposée, la meule
doit pouvoir s'égoutter parfaitement dans la mare
où se trouve la lessive ; l'eau qu'on y ajoute de temps
en temps s'y croupit assez vite pour qu'on trouve
une grande économie à ce procédé. *

Aujourd'hui l'engrais Jauffret se perfectionne,
grace à l'activité infatigable de M. Turrel qui a composé un levain d'engrais contenant tous les ingré-
diens, tous les principes des engrais. **

Il y a des localités où l'on fait servir à l'amélioration des terres, les graines, celles de *lupin*, par
exemple, après les avoir chauffées au four pour les
empêcher de germer. Tous les marcs de fruits, tels

---

* Les propriétaires de la méthode Jauffret vendent à l'adresse
que nous avons indiquée rue Montorgueil, 53, des pompes de
différens modèles et à des prix modérés qui abrègent singuliè-
rement une main-d'œuvre trop pénible sans cela dans les grandes exploitations.

** Le levain d'engrais de M. Turrel coûte 175 francs la bar-
rique de 500 kilogs. Ce prix est plus élevé que celui du noir
animal ; mais nous croyons l'engrais Turrel plus puissant quoique nous n'ayons pas été à portée d'en faire usage.

que ceux de raisin , de pommes, de poires, de drè-
ches de fruits oléagineux sont de fort bons engrais,
que les cultivateurs soigneux ne laissent jamais
perdre.

Je te dirai relativement aux marcs ou tourteaux
de fruits et de graine qu'il faut avant de les employer,
laisser passer la fermentation alcoolique des matières
sucrées , et la fermentation acide que subissent les
matières grasses. M. Vilmorin, agronome distingué,
voulait faire en 1834 une expérience comparative de
différens engrais : la semence réussit très bien avec
tous les échantillons excepté avec celui de tourteau
de colza, où il ne poussa rien. M. Vilmorin étonné,
en chercha la cause, il s'aperçut qu'il avait à tort
répandu la semence en même temps que l'engrais ;
il fallait ne semer que quinze jours après, environ.
Tu comprends maintenant la raison.

ARTICLE 4. — *Des fumiers.*

Il me reste peu de chose à dire des fumiers, après
les explications dans lesquelles je suis entré jusqu'ici.
C'est à dessein que je termine par le plus commun

des engrais, afin que tu apprécies mieux les simples observations que j'y dois appliquer.

La grande question qui domine toutes les autres, relativement à l'emploi des fumiers est celle-ci : *Doit-on employer les fumiers frais ou consommés ?* Les avis ont été très souvent partagés ; aujourd'hui encore les cultivateurs ne sont pas tous d'accord. Pour toi, mon ami, tu ne balanceras pas, grâce aux principes que tu t'es appliqué à bien connaître : *Il ne faut perdre aucune réaction alcaline, et les favoriser ou les régler toutes.* Quoique je t'aie engagé il n'y a qu'un instant à laisser fermenter les marcs oléagineux, tu ne trouveras pas étonnant que je t'engage à te servir le plutôt possible de ces fumiers, et à les employer frais.

Ce sont les gaz alcalins produits par la fermentation, qui sont la principale nourriture des plantes ; or la présence des matières animales renfermant de l'azote, rendent tout d'abord les réactions alcalines. Ainsi tous les retards qu'on fait éprouver au fumier avant de le porter sur le terrain, sont une perte qu'il faut éviter.

Souvent il est vrai cette perte est nécessaire ou bien est compensée. Ainsi, une terre trop légère se trouvera mieux d'un engrais plus consommé, plus liant ; il y aura bénéfice à attendre la morte saison pour employer les chevaux à conduire les fumiers ; on est bien forcé d'attendre l'époque d'un changement de récolte pour épandre les engrais.

Il y a une autre circonstance où il est nécessaire d'attendre, c'est le cas où la paille n'étant pas assez chargée de matière animale ou n'ayant pas suffisamment trempé dans le purin, on craindrait de ne pas la voir se décomposer suffisamment. Il faut donc que la fermentation soit assez avancée pour ne pas s'arrêter, et assez peu cependant pour qu'il ne se perde pas de gaz.

Tu choisiras d'ailleurs tes fumiers suivant la terre ou tu devras les répandre. Aux terres sableuses, comme je te l'ai dit, la portion la plus consommée des fumiers ; aux terres argileuses, la partie la plus *pailleuse*, car le fumier de cette espèce soulèvera long-temps la terre et lui permettra de s'émietter en s'affaissant, ce qui est difficile à obtenir dans ces sortes de terres.

Le cultivateur distingue encore les fumiers, en fumiers chauds et fumiers froids. Les fumiers chauds sont fournis par les animaux qui se nourrissent abondamment de grains et de fourrages secs, comme les chevaux, les poulets, les dindons; ces fumiers se dessèchent plus rapidement, et absorbent moins d'eau; ils conviennent beaucoup aux terres humides et froides.

Les fumiers froids proviennent d'une nourriture aqueuse, telle que la nourriture ordinaire des vaches. Ils sont préférables pour les sols secs et chauds. Le plus froid de tous les fumiers est celui du cochon, qui contient beaucoup moins de parties organiques fermentescibles que tous les autres.

Le choix de l'emplacement des fumiers dans la cour d'une ferme est une chose bien importante et beaucoup trop négligée. Il ne paraît pas, quoiqu'on en ait dit, que le voisinage des fumiers ait une influence directe, fâcheuse, sur la santé des hommes; néanmoins sa malpropreté porte en elle le germe de bien des maladies.

Tu devras placer ton fumier si ta cour est convenable, de manière à ne pas laisser trop fermenter. Tu le dissémineras d'autant plus que tu devras le laisser plus longtemps sans t'en servir, afin d'éviter qu'il se consomme. Tu auras une assez grande quantité de volaille pour qu'il n'échappe à ces animaux aucun grain perdu qui puisse germer de nouveau et salir tes récoltes. *

Il n'y a pas grand avantage à laisser le fumier baigner dans le purin ; il s'opère une décomposition inutile. Mais il y a une faute énorme, une sottise immense à laisser perdre comme le font encore beaucoup de cultivateurs, les urines de leurs bestiaux. C'est un engrais extrêmement puissant, extrêmement important qu'on laisse perdre faute de savoir l'employer. Il y a des cours de ferme et des rues de village inabordables à cause du purin qu'on laisse perdre : je ne puis trop m'élever contre cet usage si pernicieux.

Les urines qui se perdent doivent être recueillies par toi dans des trous, des citernes, des mares, et te servir de fondement à une lessive à la manière de

---

* L'engrais Jauffret a l'avantage de détruire parfaitement tous les germes des graines qui se trouvent dans la meule. Il se développe dans l'intérieur une chaleur capable de faire cuire *un œuf*. Il ne serait pas inutile dans le cas où l'on aurait de la lessive Jauffret à sa disposition, d'arroser une fois les fumiers frais qu'on voudrait utiliser promptement et qu'on tiendrait à avoi exempts de graines.

Jauffret avec laquelle tu feras fermenter des herbes vertes, les orties, les ronces qui embarrassent tes haies, tes chemins, tes bois et dont tu ne sais que faire. Ce sera pour toi un supplément précieux de fumier. Si tu n'as ni herbes, ni roseaux, ni genêts, ni bruyères, ni feuilles à ta disposition, tu brûleras du gazon, de l'argile, tu prendras la cendre d'un four à brique, d'un four à chaux, celle du four à cuir le pain, la charrée desséchée, de la terre mise au four quand le pain est retiré : tu l'arroseras avec ton purin, et tu la porteras sur des terres, à moins que tu n'aimes mieux porter l'urine liquide à la manière des Flamands.

Je ne te parle pas de la manière d'épandre les fumiers, de les enfouir par le labour dans la terre ; il n'y a pas de valet de ferme qni ait besoin de leçons là-dessus. Je ne terminerai pas sans te dire un mot du parcage.

On renferme pendant la belle saison les moutons, les bœufs, les vaches, etc., dans des pâturages qu'on leur fait épuiser, et qu'ils fument en même temps par leurs excrémens.

Les partisans de la méthode exclusive de stabulation des bestiaux, reprouvent le parcage ; ils regardent comme plus d'à-moitié perdu l'engrais produit ainsi parce qu'il n'est pas recueilli, multiplié par la litière. Le besoin d'engrais qui fait la désolation de tous les cultivateurs, jutifie jusqu'à un certain point leur système plus dispendieux que le système de pâturage ou de parcage. Mais il faut dire que la multiplication des engrais dont j'ai parlé rendra moins forts leurs argumens, et prêtera un nouvel appui à ceux qui trouvent qu'il est contraire au vœu de la nature de retenir constamment à l'étable des animaux qui sont nés visiblement pour prendre un grand exercice, et que la domesticité n'a pas entièrement privés de leurs goûts. Le parcage d'ailleurs a ses avantages particuliers ; il est plus économique ; il est plus avantageux pour les champs éloignés de l'étable, où d'un difficile accès ; il ménage beaucoup les fourrages et les litières.

L'engrais obtenu par le parcage des moutons, se fait sentir pendant deux ans ; il paraîtrait qu'il convient mieux au blé que tout autre fumier.

En Angleterre, on fait parquer les bestiaux sur les chaumes, à l'automne. D'abord, ce sont les bœufs ; puis les vaches leur succèdent ; ensuite les moutons, et enfin les porcs. Lorsque ces animaux ont alternativement passé sur un chaume, rien de mangeable ne doit rester sur la pièce qui profite des déjections de tous. En Auvergne, on fait parquer pêle mêle toutes les bêtes : cette méthode est moins parfaite, mais plus économique. On fait parquer les bestiaux dans les prairies qu'on veut fumer ; mais mais l'herbe y vient également, et les vaches refusent constamment pendant une saison l'herbe où leur fiente s'est trouvée déposée. Il faudrait pouvoir épandre cette fiente chaque jour, mais peu de domestiques s'acquitteraient bien de cette tâche. Il faut prendre garde de faire parquer les moutons sur des prés humides afin de ne pas les exposer à la *pourriture*.

Les plus riches fumiers sont sans contredit les fumiers de colombier. Dans le pays de Calais, on estime beaucoup ce genre d'engrais. Un colombier de 700 pigeons produit de quoi fumer un hectare de terre. Cette fumure se paie 125 fr. non compris les frais de transport.

Dernièrement on a voulu remettre en vogue ou plutôt mettre en exploitation régulière un engrais de cette espèce nommé *guano* ou *huano*, qu'on trouve en couches épaisses dans les îles de la mer

Pacifique. Le guano est la fiente d'oiseau aquatique qui se tiennent dans ces parages ; elle y est accumulée depuis des siècles. On expose beaucoup cet engrais sur la côte du Pérou ; nous doutons que les frais de transport puissent être compensés par les bénéfices de la vente en France ; nul doute d'ailleurs que l'industrialisme ne falsifiât bientôt le guano comme il falsifie les noirs, mais sans laisser d'espoir de découvrir aussi facilement la fraude.

Il existe encore, * ou le temps fera découvrir d'autres engrais ; ce que j'ai dit dans le cours de ce livre suffira pour te les faire recueillir avec réserve, mais sans incrédulité. Tu feras avec soin des essais

---

* La suie des cheminées, les marcs de colle, la boue des villes, les débris de poisson, les vases des mers, des étangs sont des engrais qui ont autant de mérite que beaucoup d'autres mais sur lesquels il est inutile de nous étendre. Nous ne parlons pas non plus des composts de fumiers dont nous avons donné plusieurs exemples à propos des composts d'amendemens. Chaque cultivateur en invente à sa guise. Les principes que nous avons donnés étant bien compris guideront mieux le lecteur que des détails qui s'écarteraient de la pratique genérale en développant quelques cas particuliers.

comparatifs en petit ; tu examineras avec attention si les faits qu'on t'annonce peuvent facilement se coordonner avec les principes invariables que je t'ai exposés. Si tu suis bien mes conseils, tu pourras toujours être en voie de progrès sans jamais faire de fautes grossières, parce que tu comprendras bien d'avance les améliorations que tu voudras tenter.

CONCLUSION.

—

Souvent le cultivateur n'a pas le choix des amendemens et des engrais ; néanmoins il est des cas où il
peut balancer les prix de revient en raison des quantités à employer.

Les élémens de ce travail sont difficiles à réunir et
surtout à généraliser ; je n'oserais pour ma part en-
treprendre de le faire , mais pour t'en donner une
idée je te citerai un tableau des frais de fumure d'un
hectare de terre avec différens engrais qu'on suppose
devoir opérer des résultats équivalens ; ce travail est
dû à M. Payen. ** Je répète que je le cite comme

* Maison rustique du XIXᵉ siècle.

modèle, mais non pas comme base d'une appréciation nécessairement variable suivant les pays.

Espèces d'engrais pour un hectare.	Prix coûtant	50 c. de frais de transp.	
1,500 kilogs (15 hectol.) de noir animalisé à 5 f.	75	82	50
2,000 k. (20 hectolitres) de noir de raffineries à 5 f.	100	110	
550 k. de chair musculaire en poudre à 20 f.	110	112	75
1,750 k. (25 hectol.) de poudrette à 5 f.	125	133	75
750 k. de sang coagulé sec en poudre à 20 f.	150	153	75
850 k. de sang soluble sec en poudre à 20 f.	170	174	25
2,500 k. de fiente de pigeons (rendue en Flandre)	200	200	
2,000 k. d'os concassés à 12 f.	240	250	
1,125 k. de cornes en rapures à 25 f.	280 52	285	62
33,750 k. d'engrais flamand (urine etc.) à 1 f. 20 les 125 k.	304	304	
90,000 k. d'engrais vert, plus chaud à 35 c. le 100	315	315	
54,000 k. de fumiers { tirés des villes à 40 c.	216	486	
{ tirés des fermes à 58 c.	297	565	
{ idem. à 84 c.	459	729	
86,400 k. de boues des villes à 50 c. (en ramassage.)	432	864	

Ce modèle est loin de comprendre tous les engrais, et toutes les modifications qu'ils peuvent subir ; à plus forte raison ne peut-il comprendre les composts divers que l'on peut former avec les engrais et les amendemens ; avec les engrais et les terres, avec diverses combinaisons d'engrais, toutes modifications aussi multipliées que le caprice des cultivateurs. Mais tu peux y voir une relation assez exacte des quantités en poids de différentes sortes d'engrais pour produire un même effet. Tu peux voir en second lieu qu'il est bien important de tenir compte du volumé et des facilités de transport puisque le prix du fumier, par exemple, est plus que doublé si les frais de transport peuvent être évalués à 50 cent. les cent kilogs. Si le prix du transport est plus grand, c'est pis, mais s'il est plus faible, les différences s'effacent; dans les petites cultures où le fermier et sa famille suffisent au travail de leur terre sans domestique, et où le cheval ou les chevaux n'ont pas de travail pour toute l'année, les frais de transport se réduisent à 0 ou du moins à fort peu de chose.

On trouverait en Bretagne que le prix du noir coté à 5 fr. est à trop bas prix. Il vaut au moins le double; il est vrai qu'il ne faudrait pas 20 hectolitres par hectare et qu'ainsi l'équilibre se trouverait rétabli. A Bordeaux le noir se vendrait moins cher, puisque Bordeaux porte à Nantes, mais Reims par exemple, n'aurait de noir qu'à des prix beaucoup trop élevés, parce qu'il le ferait venir de trop loin.

Rappelons enfin avec M. Payen qu'il ne faut jamais se baser uniquement sur le prix de revient des engrais pour fixer son choix, mais qu'il faut encore prendre en considération leur influence spéciale sur le développement de la partie herbacée ou la production de la graine, leur action plus ou moins régulière, leur effet secondaire comme amendement ou stimulant, enfin la main-d'œuvre pour les répandre.

Tout ce que nous avons vu, justifie notre prédilection pour les engrais pulvérulens, pour ceux surtout qui sont connus sous le nom de noirs. Mais nous croyons que l'agriculture n'est pas assez riche pour rejeter une seule parcelle d'un engrais quelconque. Quand on songe que la France, sur les 53 millions d'hectares, en possède 12,00 mille en bruyères, landes, marais et vaines patures, dont la moitié des quarante millions d'hectares cultivés n'a qu'une quantité très insuffisante d'engrais, on se prend à désirer de toute son ame de voir le cultivateur tourner ses efforts vers cette importante partie de son art, et on regrette amèrement que les principes qui président à la formation des engrais et au développement de leurs réactions utiles ne soient pas mieux connus de la classe patiente et laborieuse qui passe sa vie à cultiver le champ de ses pères.

FIN.

TABLE

DES CHAPITRES.

⚜

PREMIÈRE PARTIE.

———

DEUXIÈME PARTIE.

FIN DE LA TABLE.

Tours, Imp. de R. PORNIN et C.ie, rue de la Scellerie, 34.